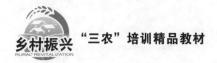

"三农"培训精品教材

农业防灾减灾救灾
能力提升手册

◎ 张晓敏 黄文忠 王宝石 主编

U0272069

中国农业科学技术出版社

图书在版编目（CIP）数据

农业防灾减灾救灾能力提升手册／张晓敏，黄文忠，王宝石主编. --北京：中国农业科学技术出版社，2024.5

　　ISBN 978-7-5116-6821-9

　　Ⅰ.①农…　Ⅱ.①张…②黄…③王…　Ⅲ.①农业气象灾害-灾害防治-手册　Ⅳ.①S42-62

中国国家版本馆 CIP 数据核字（2024）第 099437 号

责任编辑　申　艳
责任校对　王　彦
责任印制　姜义伟　王思文

出 版 者　中国农业科学技术出版社
　　　　　　北京市中关村南大街 12 号　　邮编：100081
电　　话　（010）82103898（编辑室）　　（010）82106624（发行部）
　　　　　　（010）82109709（读者服务部）
网　　址　https://castp.caas.cn
经 销 者　各地新华书店
印 刷 者　北京中科印刷有限公司
开　　本　140 mm×203 mm　1/32
印　　张　5.5
字　　数　145 千字
版　　次　2024 年 5 月第 1 版　2024 年 5 月第 1 次印刷
定　　价　36.00 元

《农业防灾减灾救灾能力提升手册》
编 委 会

主 编 张晓敏 黄文忠 王宝石

副主编 刘 芳 马尚云 陈 兵 李胜科

戴露洁 葛瑞娟 马灌洋 张建发

崔禹章 赵尚杰 王 越 刘元华

张继新 乐 俊 哈斯鲁 布音力格图

前　言

农业作为国家的基础产业，其稳定发展对于国家经济安全和民生福祉具有举足轻重的意义。然而，随着全球气候变化的加剧和极端天气事件的频发，农业常常受到自然灾害的威胁，如洪涝、干旱、高温、冷冻、冰雹以及病虫害等，这些灾害不仅对农作物生长、畜牧业和渔业造成严重影响，还可能导致农民的经济损失，甚至威胁到整个社会的稳定与发展。因此，提升农业防灾减灾救灾能力显得尤为重要。

本书旨在通过系统性的知识普及和实践指导，帮助农业生产者和管理者更好地了解农业灾害的成因、特点和影响，掌握有效的防灾减灾技术和方法，提高应对灾害的能力和水平。

本书共分为9章，分别为农业灾害概述、农作物洪涝灾害的应对、农作物干旱灾害的应对、农作物高温灾害的应对、农作物低温灾害的应对、农作物风灾的应对、农作物冰雹灾害的应对、农作物重大病虫害防控、畜牧业气象灾害的应对。

在本书的编写过程中，编者充分考虑了我国农业生产的实际情况和灾害特点，结合了国内外先进的防灾减灾理念和技术手段，力求使手册内容既具有科学性、前瞻性，又贴近实际、易于操作。

　　本书可供广大农民朋友、乡村干部以及相关管理部门等参考使用。

　　由于时间仓促，加之编者水平有限，书中难免会有疏漏和不足之处。欢迎广大读者提出宝贵意见。

编　者

2024 年 5 月

目　　录

第一章　农业灾害概述

第一节　农业灾害的概念和特点

一、农业灾害的概念

（一）灾害的概念

灾害是指自然原因、人为原因或者二者兼有的原因所形成的破坏力给自然界、人类社会带来的祸患。换句话讲，凡是能够造成社会财富和人员伤亡的各种自然、社会现象，都可称为灾害。灾害产生破坏作用要借助具体的载体，这种载体称作灾害事故。载体不同，灾害事故的表现形式就不同。因此，灾害就出现了许多种类，比如火灾、风灾、水灾等。

（二）农业灾害的概念

下面是两种关于农业灾害的定义。

（1）一般意义上的农业灾害，是指对种植业、养殖业所利用的动植物有害的灾害事故，主要是指农业自然灾害。一般也称为狭义的农业灾害，是人们通常所使用的农业灾害的定义。

（2）扩展意义上的农业灾害，是指对农业生产经营过程、农业生产经营对象、劳动要素及劳动手段具有破坏或阻碍作用的灾害事故的集合，它几乎包括了灾害的所有种类和全部内容。

农业受灾程度包括受灾面积、成灾面积、绝收面积。一般规定农作物减产10%以上为受灾，减产30%以上为成灾，减产80%以上为绝收。

二、农业灾害的特点

（一）季节性

农业灾害通常具有鲜明的季节性特点。由于农业生产与自然环境紧密相连，灾害的发生往往与特定的季节或气候条件密切相关。例如，在雨季，洪涝灾害的风险显著增加，可能导致农田积水、农作物受灾；而在冬季或早春，冷冻灾害则可能对农作物造成严重影响，尤其是对那些对温度敏感的农作物。

（二）多样性

农业灾害的种类繁多，这增加了预防和应对的复杂性。除了常见的洪涝、旱灾、风灾等农业气象灾害，还有虫害、病害、草害等多种农业病虫害可能对农作物构成威胁。这些灾害不仅种类多样，而且可能同时或连续发生，对农业生产造成复合性的打击。

（三）突发性

许多农业灾害的发生具有突发性，这使得预防和应对变得更具挑战性。例如，暴风雨、冰雹等极端天气事件可能突然袭来，给农作物造成严重损害。由于这些灾害的突发性，农民和农业农村部门往往难以及时做出反应，从而增加了灾害的损失。

（四）区域性

与其他类型的灾害相比，农业灾害的区域性更为突出，其表现在两个方面：一是灾害种类分布的地域性，即不同地区存在着不同的灾害种类，如我国南方水灾较为频繁，北方则旱灾较为严重，台风主要侵害沿海地区等；二是同一生产对象灾害种类的受损程度的地区差异性，即由于地理、气候、品种不同，同一生产对象灾害种类的受损程度和对同一种灾害的抵抗能力不同。例如，同样是水稻，在我国南方和北方的灾害种类就会不同；即使同样遭受了低温冷害，南方、北方不同水稻品种的抗寒能力也会不同。

（五）受灾体广泛

农业灾害的受灾体并不仅限于某种特定的农作物，而是可能影响广泛的农业领域。无论是粮食作物、经济作物还是果树、蔬菜等，都有可能受到各种灾害的侵袭。此外，农业设施如温室、灌溉系统等也可能受到灾害的影响。这种广泛的受灾面意味着灾害可能对农业生产和农民收入造成重大影响。

（六）伴发性与持续性

伴发性表现在一种灾害发生时往往诱发其他灾害同时发生，如台风灾害往往伴有暴雨灾害、山区暴雨灾害可能导致山洪暴发和泥石流、湿度过大容易诱发农作物病虫害等。持续性一方面表现在同一灾害的连续发生，如华北部分地区常出现春夏连旱或伏秋连旱；另一方面则表现在不同灾害的交替发生，如河北有"春旱、夏涝、秋吊"的说法。

第二节 农业灾害的类型

按照不同的标准，可以将农业灾害划分为不同种类。例如，按危害与受害的密切程度可以分为直接性灾害和间接性灾害，按发生的时间特点可以分为突发性灾害和缓发性灾害。按危害的主次可分为原生灾害和次生灾害。

综合各种因素，农业灾害可以归纳为以下 6 类。

一、气象灾害

气象灾害是指由大气中的异常气象条件引发的自然灾害。这些灾害通常包括极端气候事件,如旱灾、水灾、风灾、雹灾、冷冻灾、雪灾和热害等。气象灾害直接影响农作物的生长环境,可能导致农作物受损、生长周期被打乱,甚至死亡,从而对农业产量和品质产生负面影响。

二、海洋灾害

海洋灾害是指由海洋环境异常所引发的灾害,主要包括风暴潮、海水入侵和海水倒灌等。这些灾害对沿海地区的农业产生严重影响,可能导致农田被淹、土壤盐碱化、农作物受损等问题。海洋灾害不仅影响当前农作物的生长,还可能对农田的长期利用造成不利影响。

三、土壤灾害

土壤灾害是指由土壤环境异常变化引发的灾害,包括土壤冻融、盐碱化、龟裂和湿渍等。这些灾害会破坏土壤结构,降低土壤肥力,影响农作物的正常生长。土壤灾害往往导致农作物根系受损,进而影响农作物的吸收能力和抗逆性,最终降低农作物产量和品质。

四、生物灾害

生物灾害是指由生物因子(如病原体、害虫、杂草等)引发的灾害。这些生物因子可能通过直接取食、感染或竞争等方式对农作物造成伤害。生物灾害的发生往往具有暴发性和难以预测性,对农业生产构成严重威胁。病虫害、草害和鼠害等是常见的生物灾害类型。

五、地质灾害

地质灾害是指由地球内部应力或外部因素引发的自然灾害，如泥石流、滑坡和火山爆发等。这些灾害对农业生产的影响主要体现在对农田的破坏和对农业基础设施的损毁上。例如，泥石流和滑坡可能冲毁农田，火山爆发可能覆盖农田并改变土壤性质，从而影响农作物的生长。

六、环境灾害

环境灾害是指由于人类活动或自然因素导致的环境污染和生态破坏所引发的灾害。这些灾害包括水土流失、土地退化、大气污染、农田污染、森林火灾、药害等。环境灾害对农业的影响是长期且复杂的，可能导致土壤肥力下降、农作物受污染、生态平衡被破坏等问题。这些问题不仅影响当前农作物的生长和品质，还可能对农业生态系统的可持续性造成威胁。

第三节 我国农业灾害的发生现状

一、灾害频繁，影响广泛

近年来，我国农业灾害发生频繁，对农业生产造成了广泛影响。我国地域广阔，气候类型多样，从寒温带到热带气候均有覆盖。这种气候多样性导致不同地区易受到相应气候类型的农业灾害影响，如东南沿海地区的台风、北方地区的干旱和寒潮等。此外，由于我国地形复杂，高原、山地、盆地、平原等地貌类型丰富，这也增加了地质灾害如泥石流、滑坡等发生的风险，这些灾

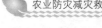

害对山区农业影响较大。

二、灾害类型多样，损失严重

我国农业灾害的类型多样，包括低温雨雪冰冻灾害、洪涝灾害、干旱灾害、风雹灾害等，且每种灾害都可能导致严重的损失。2023 年前 3 个季度，包括台风的影响，旱涝风雹、高温热害、低温冷害等灾害，共造成全国农作物受灾 1.45 亿亩①。干旱是影响我国粮食生产最大的灾害，常年因干旱造成的受旱灾面积占整个受灾面积的 42%，每年因干旱造成的粮食损失在 125 亿千克左右。

三、病虫害防治形势严峻

除了气象灾害外，病虫害也对我国农业生产造成了严重影响。例如，预计 2024 年全国玉米病虫害总体偏重发生，发生面积达到 9.8 亿亩次。病虫害的频发不仅影响农作物的产量和品质，还可能对农业生态造成长期影响。

第四节　农业防灾减灾救灾措施

为了保障农业生产的稳定和可持续发展，采取一系列的防灾减灾救灾措施至关重要。

一、建立农业气象监测系统

农业气象监测系统可以实时采集、分析和预测气象信息，为农业生产提供准确的气象数据和预警信息。通过建立农业气象监

---

① 1 亩 ≈ 667 米^2。全书同。

测系统，农民可以及时了解天气变化，合理调整种植措施和农事活动，提高农作物的适应能力和抗灾能力。

二、加强农业灾害预警与监测

加强农业灾害的预警与监测是及时应对自然灾害的关键。建立健全的灾害监测网络，包括气象、水文、环境等监测站点，并利用遥感和地理信息系统技术进行数据分析和预测，可以提前预警并及时应对可能发生的灾害，保护农作物和农田安全。

三、多元化的种植结构

多元化的种植结构是一种降低农业风险的有效方法。通过种植多种不同类型的农作物、建立农作物轮作制度和混合种植模式，可以减少单一农作物面临病虫害和天气灾害的风险，同时提高土壤的养分和水分利用效率。

四、合理的灌溉管理

合理的灌溉管理是解决干旱问题和提高农田水利设施利用效率的重要措施之一。通过科学制订灌溉计划、合理分配灌溉水源，并利用节水灌溉技术，如滴灌、喷灌等，可以减少水资源的浪费，提高农田耕作的水分利用效率。

五、建设农田水利设施

农田水利设施的建设对于提高农田抗旱和抗洪能力至关重要。通过修建排灌沟渠、水库、塘坝等，改善农田排水条件，增加农田蓄水能力，并采取有效的防洪措施，如建设堤坝、河道疏浚等，可以有效预防洪涝灾害的发生。

六、推广保护性耕作技术

保护性耕作技术是一种保护土壤、减少水土流失以及提高农作物产量的方法。采用保护性耕作方法，如水土保持措施、有机物覆盖等，可以降低土壤侵蚀的风险，改善土壤质量，同时提高农作物的抗旱能力和养分利用率。

七、提高农业科技水平

农业科技的发展可以提高抗灾能力和农业生产效益。通过推广新品种、新技术以及农业生产管理技术，可以提高农作物的抗病虫害能力和抗逆性。

八、发展、推广农业保险

农业保险是面对自然灾害风险的一种有效的经济手段。通过向农民提供农业保险，可以在自然灾害发生时对农民的农作物和农业财产进行赔偿，减轻农民的经济损失，稳定农业生产秩序。

九、培养农民的灾害应对意识和技能

提高农民的灾害应对意识和技能对于减少灾害损失至关重要。开展培训和教育活动，向农民普及灾害防治知识，提高他们的防灾减灾意识，同时讲授应对灾害的基本技能和方法，如紧急撤离、安全避险等，帮助他们提高自我防灾和自救能力。

第二章 农作物洪涝灾害的应对

第一节 洪涝灾害概述

一、洪涝灾害的概念

洪涝灾害包括洪水灾害和雨涝灾害两类。其中，由于强降雨、冰雪融化、冰凌、堤坝溃决、风暴潮等原因引起江河湖泊及沿海水量增加、水位上涨而泛滥，以及山洪暴发所造成的灾害称为洪水灾害；因大雨、暴雨或长期降水量过于集中而产生大量的积水和径流，排水不及时，致使土地、房屋等渍水、受淹而造成的灾害称为雨涝灾害。地面积水常称为明涝，地面积水不明显而耕层土壤过湿的现象称为渍涝。洪水灾害和雨涝灾害往往同时发生，有时也难以区分，因此常把洪水灾害和雨涝灾害统称为洪涝灾害。在全球气候变化的背景下，极端天气事件频发。由极端天气事件频发导致的灾害风险增加已成为影响全球安全与发展的重大挑战，严重影响人类社会的可持续发展。其中，洪涝灾害是全球发生频率较高、影响人口较为广泛、损失较严重的自然灾害之一。

二、洪涝灾害的类型

洪涝灾害最常见的分类方式：依据成因分类，可分为暴雨洪涝、风暴潮洪涝、潮汐洪涝和融雪洪涝，这一分类方式侧重洪涝灾害形成机制、发生规律；依据特征分类，可分为溃决型、漫溢型、内涝型、行蓄洪型和山洪型，这一分类方式侧重灾害特征、淹没范围及其他相关衍生灾害影响等；依据灾害损害影响分类，可分为直接损害、间接损害、有形损害和无形损害，这一分类方式侧重于灾损情况、人类行为等由灾害引发的社会经济问题。

三、洪涝灾害的特点

（一）范围广泛

洪涝灾害在我国分布范围极广，无论是南方多雨地区还是北方少雨地区，都有可能受到洪涝灾害的影响。这主要是我国的气候、地形地貌和水系分布等多种因素共同作用的结果。除沙漠、极端干旱地区和高寒地区外，我国大约 2/3 的国土面积都存在着不同程度和类型的洪涝灾害。

（二）时空分布集中

我国重大洪涝灾害主要发生在长江流域、珠江流域、黄淮海流域和松辽流域等七大江河流域，时间上主要集中在夏季，具有明显的季节性特征。春季雨水较少，一般重大洪涝灾害发生较少；在季风环流的影响下，我国大部分地区全年降水量主要集中在夏、秋两季，容易形成特大洪涝灾害。

（三）突发性强

洪涝灾害的突发性主要体现在两个方面：一是灾害发生前的征兆不明显，往往难以准确预测；二是灾害一旦发生，其发展速度极快，可能在短时间内造成严重的损失。这种突发性使洪涝灾害的防范和应对变得更加困难。特别是在季风气候的影响下，降雨时间集中且强度大，加之可能的前期干旱条件，使得洪涝灾害的突发性更加明显。

（四）损失严重

洪涝灾害往往伴随着巨大的经济损失和人员伤亡。一方面，洪涝灾害会淹没农田、毁坏房屋、中断交通和通信等基础设施，给受灾地区带来巨大的直接经济损失；另一方面，洪涝灾害还可能导致人员伤亡和疾病传播等间接损失。这些损失不仅影响受灾地区的社会稳定和经济发展，也给国家和人民群众带来巨大的负担。

第二节 水稻洪涝灾害的应对

一、洪涝灾害对水稻生产的危害

暴雨洪涝灾害一般发生在 5—7 月。洪水对稻株危害的程度因淹没时间和水稻生育时段不同而异。

一是轻度受损，淹水 1 天以内或稻株处在分蘖期、幼穗形成初期和已开始灌浆结实期。

二是重度受损，水稻遭受洪水淹没 1 天以上或正值孕穗期淹没 10 小时以上，严重影响水稻分蘖或导致稻株生育异常、不能正常扬花结实，导致水稻减产幅度大。

三是严重毁损，稻田遭受洪水冲毁或洪水淹没时间长，造成水稻严重倒伏，根系腐烂发臭，稻株枯黄死亡，处于孕穗期的稻株腋芽不能萌发伸长，表明水稻严重受损，基本绝收。

二、水稻洪涝灾害的预防

在 6—7 月，地势低洼或排水不畅的区域种植水稻易遭受洪涝灾害。分蘖期水稻淹水 2~3 天，出水后尚能逐渐恢复生长；淹水 4~5 天，地上部分全部干枯，但分蘖芽和茎生长点尚未死

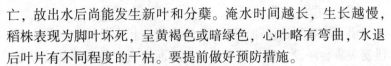

亡，故出水后尚能发生新叶和分蘖。淹水时间越长，生长越慢，稻株表现为脚叶坏死，呈黄褐色或暗绿色，心叶略有弯曲，水退后叶片有不同程度的干枯。要提前做好预防措施。

（一）加强农田水利建设

对于低洼、渠、沟、河套地，要经常疏通内外河道，保持排灌系统运行正常，雨季适当增加装机容量，提高排灌能力，预降沟河水位，扩大调蓄能力。

（二）合理安排栽培季节，避开洪涝灾害

易发生春涝的地区以种植中稻加再生稻或一季晚稻为主；易发生夏涝的地区可种植特早熟早稻，在洪水到来之前收割；易发生秋涝的地区以种植早稻和中稻为宜。

（三）种植耐涝品种

利用不同品种水稻耐涝能力的差异，在洪涝易发、多发地区种植耐涝品种。通常根系发达、茎秆强韧、株型紧凑的品种耐涝性强，涝后恢复生长快，再生能力强。一般籼稻抗涝性强，糯稻次之，粳稻最不抗涝。在相同淹涝胁迫下，耐涝能力强的品种可少减产20%～30%。但是，在生产上还要兼顾丰产性。

三、水稻洪涝灾害的补救措施

（一）轻度受损田块田间管理

1. 及时清沟排涝

被淹田块要及时开沟、挖田缺排出洪水、淤泥，使处于分蘖期的田块保持浅水促分蘖，处于分蘖中后期的田块排干田水促根系生长，保证水稻正常生长。

2. 洗叶扶苗

水稻受灾后极易发生细菌性病害。洪水退后及时泼水洗叶扶苗，以恢复稻叶光合作用。同时，要抓好水稻中后期病虫害防治。

3. 根外追肥

洪涝灾害容易引起土壤养分严重流失，导致营养不足，影响水稻生长发育。可在受灾后叶面喷施 1% 尿素和 0.5% 磷酸二氢钾，增加水稻营养，增加植株抗逆性，促进分蘖多发和穗大多粒，减少灾害损失。

（二）重度受损田块田间管理

水稻遭受洪涝灾害后，地上部分严重受害，不能正常抽穗扬花，茎端稻穗严重受损，应割苗蓄留洪水再生稻。

1. 看芽定割苗时间

受淹 1 天左右的田块，退水后 1 周左右割苗；受淹 2 天以上的田块，退水后 3~5 天割苗。

2. 根据中稻生育进程定留桩高度

割苗蓄留洪水再生稻的留桩高度为 16.6~23.3 厘米，生育期偏迟的留桩高度应低些，生育期偏早的应留高些。

3. 及时追肥

追肥要在割苗当天或割苗后 1~2 天内进行。

4. 田间管理

割苗后田间应保持浅水层，临近再生稻抽穗期时，要适当关深水，以防高温危害。

5. 病虫害防治

洪水再生稻生长期间，重点防治三代螟虫、稻苞虫、纹枯病、细菌性褐条病和白叶枯病等。

（三）严重毁损田块及时改种

对于遭受严重毁损已无法挽救或受灾较重、短期内无法恢复田块，应及早对田块进行清理，及时改补种其他粮经作物，最大限度地降低灾害影响，避免耕地撂荒。

第三节　玉米洪涝灾害的应对

一、玉米洪涝灾害的预防

玉米对土壤空气非常敏感，是需要土壤通气性好、空气容量多的农作物。玉米最适土壤空气容量约为 30%，而小麦仅为 15%~20%，所以，玉米是需水量大但又不耐涝的农作物。土壤湿度超过田间持水量的 80% 时，玉米就发育不良，尤其在玉米苗期表现得更为明显。玉米渍涝灾害，特别是西南和南方玉米丘陵区，是影响玉米产量提升的重要限制因素。其主要应对措施有以下 4 点。

（一）选用耐涝、抗涝品种

不同品种耐涝性显著不同。耐涝性强的品种，根系一般具有较发达的组织气腔，淹水后乙醇含量低，近地面根系发达，可以选择耐涝性强的品种。

（二）调整播期，适期播种

玉米苗期最怕涝，拔节后抗涝能力逐步增强。因此，可调整播期，使最怕涝的生育阶段错开多雨易涝季节。

（三）浸种处理

春玉米播种时遭遇连续阴雨天气容易出现烂种，降低发芽率。要在种植前进行浸种处理，方法是在种植前，将玉米种子在含腐植酸水溶肥料、芸苔素内酯混合液中浸 5~6 小时，使种子充分吸湿膨胀，捞起后，沥干水分，再用 1 000 倍高锰酸钾水溶液清洗种子，除去种子表面的各种病菌，然后种植。

（四）排水降渍，垄作栽培

涝害主要是地下水位过高和耕层水分过多造成的。因此，防御涝害应因地制宜地搞好农田排灌设施。低洼易涝地及内涝田应疏通田头沟、围沟和腰沟，及时排除田间积水。有条件的可根据地形条件在田间、地头挖设蓄水池，将多余淹涝水排入蓄水池内贮存，作为干旱时的灌溉用水。要尽量避免在低洼易涝、土质黏重和地下水位偏高的地块种植玉米，应尽量选择地势高的地块种植玉米。在低洼易涝地区，通过农田挖沟起垄或做成"台田"，在垄台上种植玉米，可减轻涝害。玉米前期怕涝，高产夏玉米应及时排涝，淹水时间不应超过 0.5 天；生长后期对涝渍敏感性降低，但淹水时间不应超过 1 天。

二、玉米洪涝灾害的补救措施

（一）科学扶苗

玉米苗倒伏度在 30° 以下的田块，应将玉米向倒伏反方向轻轻扶起，并在反方向用脚踩踏玉米根部土壤。倒伏度在 60° 以上的田块，因玉米本身具有调节能力，可以自然恢复。倒伏度在 30°～60° 的田块，扶苗培土，促进玉米支持根产生。

（二）及时排水

一旦发现田间积水，及早开深沟引水出田。

（三）中耕松土和培土

降水后地面泛白时要及时中耕松土，破除土壤板结，促进土壤散墒透气，改善根际环境。增施钾肥，拔除弱株改善群体结构，提高植株抗倒伏能力。

（四）中耕除草

涝渍害过后易使土壤板结，通透性降低，影响玉米根系的呼吸作用及营养物质的吸收。降水后地面泛白时要及时中耕松土，或起垄散墒，破除土壤板结，促进土壤散墒透气，改善根际环境，促进根系生长。清除田间杂草。

(五) 及时追肥

玉米受涝后,一方面土壤耕层速效养分随水大量流失,另一方面玉米根、茎、叶受伤,根系吸收功能下降,植株由壮变弱。因此,要及时补施一定量的速效化肥,促进玉米恢复生长,促弱转壮。

1. 根外追肥

根外追肥,肥效快,肥料利用率高,是玉米应急供肥的有效措施。排除田间积水后,应及时喷施叶面肥,保证玉米在根系吸收功能尚未恢复时对养分的需求,促进玉米尽快恢复生长。玉米田每亩用 0.2%~0.3% 的磷酸二氢钾 +1% 尿素水溶液 45~60 千克,进行叶面喷雾,每 7~10 天喷 1 次,连喷 2~3 次。

2. 补施化肥

植株根系吸收功能恢复后,再进行根部施肥。处于抽穗扬花期以前的玉米地块,每亩补施复合肥 20~25 千克,并于大喇叭口期或抽穗扬花期每亩补施尿素 7.5~10 千克,促进玉米恢复健壮。

(六) 加强病虫害防治

涝后易发生黏虫、玉米螟、蚜虫等虫害和褐斑病、大斑病、锈病等病害。喷施叶面肥时,可同时进行病虫害的防治。

(七) 促进早熟

涝灾发生后,玉米生育期往往推迟,易遭受低温冷害威胁。必须进行人工催熟。生产上常用的催熟方法有以下 3 种。

1. 施肥法

在玉米吐丝期,每亩用硝酸铵 10 千克开沟追施,或者用 0.2%~0.3% 的磷酸二氢钾溶液(或 3% 的过磷酸钙浸出液)叶面喷施。如果吐丝期已经推迟,可通过隔行去雄,减少养分消耗,提高叶温,加速生育进程。

2. 晒棒法

在玉米灌浆后期、籽粒达到正常大小时，将苞叶剥开，使籽粒外露，促使其脱水干燥和成熟。

3. 晾晒法

如果小麦播期已到，但玉米仍未充分成熟，可将玉米连秆砍下，码在田边或其他空闲处（注意不要堆大堆），待叶片干枯后再掰下果穗干燥脱粒。

（八）做好人工辅助授粉

对处于抽雄授粉阶段的玉米，遇长期阴雨天气，应采取人工授粉方法促进玉米授粉。否则，玉米将因不能正常结实而出现大面积空秆。

第四节　小麦湿（渍）害的应对

洪涝灾害过后，小麦湿（渍）害的应对措施至关重要。小麦湿（渍）害，是指土壤水分达到饱和，造成空气不足而对小麦正常生长发育产生的危害。主要发生在长江中下游平原的稻茬麦田，生产上发生频率比较大，危害严重。

一、小麦湿（渍）害的表现

小麦湿（渍）害的主要表现：受湿害的小麦根系长期处在土壤水分饱和的缺氧环境下，根系吸收功能减弱，使得植株体内水分反而亏缺，严重时造成脱水凋萎或死亡，因此湿（渍）害又常表现为生理性干旱。小麦从苗期至扬花灌浆期都可受害。

（一）苗期受害

造成种子根伸展受抑制，次生根显著减少，根系不发达，苗瘦、苗小或种苗霉烂，成苗率低，叶黄，分蘖延迟，分蘖少甚至

无分蘖，僵苗不发。

（二）返青至孕穗期受害

小麦根系发育不良，根量少，活力差，黄叶多，植株矮小，茎秆细弱，分蘖减少，成穗率低。

（三）孕穗期受害

小穗小花退化数增加，结实率降低，穗小粒少。

（四）灌浆成熟期受害

根系早衰，叶片光合功能下降，遇有高温天气，蒸腾作用增强，根系从土壤中吸收的水分不足以弥补植株体内水分的亏缺，引起生理性缺水，绿叶减少，植株早枯，功能叶早衰，穗粒数减少，千粒重降低，出现高温高湿逼熟，严重的青枯死亡。

小麦湿（渍）害的敏感期，指在一生中短期逆境使产量锐减的时期。研究指出，敏感期相当于个体发育过程的孕穗期，即始于拔节后15天，终于抽穗期。从产量因素可以看出，孕穗期土壤过湿引起大量小花、小穗败育，使粒数下降最大，不仅造成"库"的减少，粒重也随之降低，表明"源"也受到了限制。

二、小麦湿（渍）害的预防

（一）建立排水系统

"小麦收不收，重在一套沟。"开挖完善田间套沟，田内采用明沟与暗沟（或暗管、暗洞）相结合的办法，排明水降暗渍，千方百计减少耕层滞水是防止小麦湿（渍）害的主要方法。对长期失修的深沟大渠要进行淤泥疏通，降低地下水位，以利于冬春雨水过多时的排渍，做到田水进沟畅通无阻。

（二）田内开好"三沟"

在田间排水系统健全的基础上，整地播种阶段要做好田内

"三沟"（畦沟、腰沟、围沟）的开挖工作，做到深沟高厢，"三沟"相连配套，沟渠相通，利于排除"三水"。起沟的方式要因地制宜，本着畦沟浅、围沟深的原则，一般"三沟"宽40厘米，畦沟深25厘米、腰沟深30厘米、围沟深35厘米。地下水位高的麦田"三沟"深度要相应增加。畦沟的数量及畦宽要本着有利于排涝和提高土地利用率的原则来确定。为了提高播种质量保证全苗，一般先起沟后播种，播种后及时清沟。如果播种后起沟，沟土要及时撒开，以防覆土过厚影响出苗。出苗以后，在降雨或农事操作后及时清理田沟，保证沟内无积泥积水，沟沟相通，明水（地面水）能排，暗渍（浅层水、地下水）自落。保持适宜的墒情，使土壤含水量达20%~22%，同时能有效降低田间大气的相对湿度，减轻病害发生，促进小麦正常生长。这些措施不仅可以减轻湿（渍）害，而且能够减轻小麦白粉病、纹枯病和赤霉病病害及草害。

（三）选用抗湿（渍）性品种

不同小麦品种间耐湿（渍）性差异较大，有些品种在土壤水分过多、氧气不足时，根系仍能正常生长，对缺氧表现出较强的忍耐能力或对氧气需求量较少；有些品种在缺氧老根衰亡时，容易萌发较多的新根，能很快恢复正常生长；有些品种根系长期处于还原物质的毒害下仍有较强的活力，表现出较强的耐湿（渍）性。因此，选用耐湿（渍）性较强的品种，增强小麦本身的抗湿（渍）性能，是防御湿（渍）害的有效措施。

（四）熟化土壤

前茬作物应以早熟品种为主，收割后要及时翻耕晒垡，切断土壤毛细管，阻止地下水向上输送，增加土壤透气性，为微生物繁殖生长创造良好的环境，促进土壤熟化。有条件的地方夏季农作物可实行水旱轮作，如水稻改种旱地农作物，达到改土培肥、

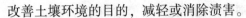

改善土壤环境的目的，减轻或消除渍害。

（五）适度深耕

深耕能破除坚实的犁底层，促进耕作层水分下渗，降低浅层水，加厚活土层，扩大农作物根系的生长范围。深耕应掌握熟土在上、生土在下、不乱土层的原则，做到逐年加深，一般使耕层深度达到23～33厘米。严防滥耕滥耙，破坏土壤结构，并且与施肥、排水、精耕细作、平整土地相结合，有利于提高小麦播种质量。

三、小麦湿（渍）害的补救措施

（一）中耕松土

稻茬麦田土质黏重板结，地下水容易向上移动，田间湿度大，苗期容易形成僵苗渍害。降雨后，在排除田间明水的基础上，应及时中耕松土，切断土壤毛细管，阻止地下水向上渗透，改善土壤透气性，促进土壤风化和微生物活动，调节土壤墒情，促进根系发育。

（二）合理施肥

受湿（渍）害叶片某些营养元素亏缺（主要是氮、磷、钾），碳、氮代谢失调，从而影响小麦光合作用和干物质的积累、运输、分配，以及根系生长发育、根系活力和根群质量，最终影响小麦产量和品质。为此，在施足基肥（有机肥和磷、钾肥）的前提下，当湿（渍）害发生时应及时追施速效氮肥，以补偿氮素的缺乏，延长绿叶面积持续期，增加叶片光合速率，从而减轻湿（渍）害造成的损失。对湿害较重麦田要做到早施、巧施接力肥，重施拔节孕穗肥，以肥促苗升级。冬季多增施热性有机肥，如渣草肥、猪粪、牛粪、草木灰、人粪尿等。

第五节　其他农作物洪涝灾害的应对

一、蔬菜洪涝灾害的应对

（一）抢收在园蔬菜

能收获的及时组织劳动力抢收。防止暴雨后蔬菜在田间损伤、腐烂，加大对市场的有效供应，力求降低因灾损失，增加收入。

（二）抢抓排水降渍

疏通"三沟"，排除渍水，确保雨下快排，雨止沟干，畦面厢沟无积水。对地势低洼、内河水位高的地区，组织电泵排水，加快排水速度和降低地下水位，受淹菜地应尽早排除田间积水，腾空地面，减少淹渍时间，减轻受害程度。做到"三沟"沟沟相通，雨住沟干，保护蔬菜根系健康生长，减少渍害。减少因积水和渍害导致的蔬菜窒息死亡，避免蔬菜提早罢园。

（三）加强在园蔬菜管理

1. 淹没时间短、有培管价值的蔬菜

一是及时将倒伏的蔬菜扶正，摘除腐烂枝叶，减少相互挤压的现象，并适当培土壅根。二是中耕松土。雨后土壤板结，待土壤稍干时及时进行中耕松土，以改善土壤结构，提高根系活力，防止沤根和土传病害的发生。三是及时喷施叶面肥。在暴雨过后，蔬菜根系吸收水、肥的能力较差，在蔬菜恢复正常生长之前，不能施速效肥，可结合病害预防，及时喷施叶面肥，一般可用 0.2% 的磷酸二氢钾 +0.5% 的尿素液喷施，促进蔬菜迅速恢复生机。

2. 设施栽培蔬菜或育苗棚

可采取避雨栽培（即直接覆盖顶膜或直接覆盖遮阳网或一膜

加一网）遮阳、降温，防止暴雨冲刷及雨后骤晴高温暴晒。

（四）抢抓病虫害防治

暴雨过后田间温度高、湿度大，植株抵抗力弱，易引发病虫害，应及时喷药保护与防治，并注意安全间隔期。

（五）抢抓补种改种

对部分出现死苗、缺苗的田块，积极做好速生蔬菜的补种、改种工作。同时，切实采取避雨措施，组织对甘蓝、辣椒、番茄、茄子、黄瓜、南瓜、莴苣和西芹等秋播蔬菜的育苗工作。对腾空的田块突击抢播快生菜，如大白菜 5 号秧、小白菜、夏大白菜、莴苣、油麦菜、竹叶菜、苋菜、芹菜、菜豆、豇豆、萝卜、香菜和菠菜等。

（六）注意防止次生灾害

山高路陡地带要注意泥石流和滑坡的危害，采取一定的防御措施，防止次生灾害。对于因雨量大、浸泡时间较长而引起棚脚松动的设施，要及时检修，防止大棚倒塌。

二、棉花洪涝灾害的应对

（一）渍害棉田

（1）及时疏通"三沟"，清沟排渍，降低地下水位，抓住雨间空隙及晴天，迅速清沟排渍，降低地下水位，做到明水能排，暗水能滤。

（2）松土破板，降低土壤湿度，天晴后及时松土、中耕、破板、散温，创造良好、疏松的土壤通气条件，促进根系生长发育。

（3）加强化调。在棉花生长高峰期，多雨的气候容易形成水发苗，要加强甲哌鎓的喷施，根据棉苗的株高，亩喷 1~2 克，是塑造棉花理想株型的关键时期。

（4）加强根外补肥。受渍棉田肥料流失，必须根外补肥，亩施复合肥 10~15 千克，同时棉苗受渍根系吸收能力下降，必须开展叶面喷肥接力，喷施 2% 的尿素加 0.2% 的磷酸二氢钾溶液，或用棉花专用微肥、叶面肥进行叶面喷施 1~2 次。

（5）防治叶螨、棉蚜可用 2.5% 联苯菊酯水乳剂 1 000 倍液喷雾。防治棉盲蝽可用 10% 高效氯氰菊酯悬浮剂 1 500 倍液喷雾。加强棉盲蝽的防治，阴雨天，既容易导致棉盲蝽的发生和危害，又不利于防治工作的开展，要抓住雨停空隙，选用长效特效农药进行防治。

（6）防治枯萎病和黄萎病可用 36% 甲基硫菌灵悬浮剂 1 000 倍液喷雾。

（7）及时扶苗。当前土壤水溶软化，棉苗易倒，要加强田间巡视，在土壤墒情适宜时及时扶正。

（二）涝灾棉田

加强促进型调节剂的应用，促进棉苗尽快恢复生长。4 天喷 1 次，连喷 3 次。加强中耕做垄。一方面增强土壤透气性，提高地温，促进根系发育；另一方面，受涝棉苗根系生长受到抑制而降低了抗倒性，通过培土作垄，有利于棉花抗倒。

（三）渍涝并存的棉田

在落实好涝灾棉田救灾措施的同时，要及时抓好洗苗、扶苗工作。洗苗要抓住棉田有积水时开展，洗掉棉叶及棉秆上的沙土，若棉田没有积水，则采取喷雾器喷水洗苗的方法。

（四）水淹没顶超过 3 天的棉田

一般棉苗成活无望，准备改种。改种可选水稻、大豆、蔬菜、玉米、甘薯等农作物。

三、西甜瓜洪涝灾害的应对

（一）渍水未淹水田块

清沟排渍，降低田间湿度，雨停后及时喷药防病。田间沟厢不完善的及时开沟、清沟，排除田间渍水，降低田间湿度和土壤含水量，避免长期渍水造成病害暴发和死苗；降雨间歇天气，在西甜瓜叶片没有雨水时可以喷药防治病害，一般可用10%苯醚甲环唑水分散粒剂2 000倍液或722克/升霜霉威水剂600~1 000倍液防治真菌性病害；用53.8%氢氧化铜水分散粒剂800倍液防治细菌性病害。喷药时可根据需要加入0.2%的磷酸二氢钾进行根外追肥。

（二）短时淹水田块

果实接近成熟的尽快采收，未成熟的冲洗叶片并喷药防病。短时淹水田块（淹水不超过24小时），如果果实已经成熟或接近成熟，应在退水后尽快采收，就近销售，减少损失。如果果实尚未成熟，应在水未退尽时舀厢沟积水冲洗叶片，或用喷雾器装清水喷淋，将叶片上污泥冲洗掉，以利于叶片恢复功能，并及时喷药防病。

（三）长时间淹水田块

长时间淹水，尤其是淹水时间超过3天的，水退后西甜瓜茎叶发病严重或霉烂，根系功能减退、丧失或腐烂，难以恢复生长。此类田块退水后，应根据受灾程度，不能恢复的及时清洁田园，做好消毒工作后赶种秋西瓜或改种其他农作物。秋西瓜应在7月10日前播种育苗，7月25日左右移栽。品种可选用春秋花王、华欣、春宝、荆杂20等早熟有籽西瓜。其他农作物可选择速生蔬菜、水稻、玉米等。

四、果园洪涝灾害的应对

（一）洗叶扶树

被水冲毁果园，在雨停水退后，抢时机清除园区杂物，对歪倒树扶正、培土、护根。用水清洗枝叶上的残留泥污，对受伤枝叶、果实疏剪，以减轻树冠重量，使树体能及时复位，进行正常生理活动。

（二）清沟排水

对受涝的果园要及时疏通所有沟渠、涵管、厢沟，排除园区渍水，降低土壤含水量，避免果园因长期渍水造成烂根死树。

（三）松土透气

排水后，在根区用两齿锄对树盘根区打孔松土，先恢复土壤通透性，使根系透气；天晴后，表层土壤见白时，要及时抓住墒情中耕松土，降低土壤湿度，促进根系恢复。

（四）杀菌补肥

受灾后树势减弱、园间湿度大，病害流行，要及时防病清园。可叶面喷施10%苯醚甲环唑水分散粒剂3 000倍液（或250克/升丙环唑乳油2 000倍液）+80%代森锰锌可湿性粉剂600倍液+0.136%赤·吲乙·芸苔20 000倍液+0.3%的磷酸二氢钾溶液+0.2%的尿素溶液，补充树体营养，促进复壮。

（五）及时修剪

由于淹水根系受伤，灾后叶片易出现萎黄、失水，难恢复枝叶要及时疏除，对受伤及有病害、虫害的果实要疏除，以降低树体营养消耗，促进树势恢复。

（六）肥水复壮

加强灾后肥水管理，尤其是灾后易遇上高温干旱期，要根据果园墒情，加强后期肥水管理，重点要秋季早施、增施有机肥，以促进复壮。

第三章　农作物干旱灾害的应对

第一节　干旱灾害概述

一、干旱

(一) 干旱与旱情的概念

干旱是指由于天然降水异常引起的水分短缺的自然现象，可能发生在任何区域的任何季节。干旱是临时性现象，是大气环流和主要天气系统持续异常的直接反映，与季风的强度、来临和撤退的时间以及季风期内季风的中断时间也有直接关系。

旱情是指在农作物生长期内，由于降水少，河流及其他水资源短缺，土壤含水量降低，对农作物某一生长阶段的供水量少于其需水量，从而影响农作物正常生长，使人们生产、生活受到影响。受影响的那部分面积称为受旱面积。表达旱情严重程度的 4 项指标是降水量、土壤湿度、农作物生长状况以及地下水埋深，因而在生产实践中，旱情监测内容就是对雨情、土壤墒情、农作物苗情以及地下水埋深的测定。

(二) 干旱的成因

从自然因素来说，干旱的发生主要与偶然性或周期性的降水减少有关。降水量是直接影响土地干旱的关键因素，但是干旱并不完全由降水量决定，还与蒸发等因素有关。降水不足的气候成因有以下 4 个方面：①持续宽广的下沉气流；②局地下沉气流；③缺乏气压扰动；④缺乏潮湿气流。

从人的因素来考虑，人为活动导致干旱发生的原因主要有以下 4 个方面：①人口大量增加，导致有限的水资源越来越短缺；②森林植被被人类破坏，植物的蓄水作用丧失，加上抽取地下水，导致地下水和土壤水减少；③人类活动造成大量水体污染，使可用水资源减少；④用水浪费严重，在我国农业灌溉用水浪费尤为惊人，导致水资源短缺。它们都会直接影响水源储备条件以及汇水区的水文响应，也使得对干旱的抵御更为脆弱。

（三）干旱等级划分

《气象干旱等级》（GB/T 20481—2006）将干旱划分为 5 个等级，并评定了不同等级的干旱对农业和生态环境的影响程度。

1. 无旱

无旱的特点为降水正常或较常年偏多，地表湿润，无旱象。

2. 轻旱

轻旱的特点为降水较常年偏少，地表空气干燥，土壤出现水分轻度不足，对农作物有轻微影响。

3. 中旱

中旱的特点为降水持续较常年偏少，土壤表面干燥，土壤出现水分不足，地表植物叶片白天有萎蔫现象，对农作物和生态环境造成一定影响。

4. 重旱

重旱的特点为土壤水分持续严重不足，出现较厚的干土层，植物萎蔫、叶片干枯、果实脱落，对农作物和生态环境造成较严重影响，对工业生产、人畜饮水产生一定影响。

5. 特旱

特旱的特点为土壤水分长时间严重不足，地表植物干枯、死

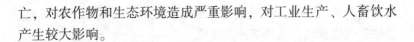

亡，对农作物和生态环境造成严重影响，对工业生产、人畜饮水产生较大影响。

二、干旱灾害

（一）干旱灾害的概念

干旱灾害是指由于降水减少导致水工程供水不足引起的用水短缺对生活、生产和生态造成危害的事件。干旱灾害是因长时间的缺水而造成的一种渐进性灾害。从气候角度讲，主要表现为长时期的降水偏少；从水文角度讲，主要表现为地表水匮乏，地下水位下降，水资源短缺。

干旱灾害是渐变发展的，持续时间相对较长，影响范围逐渐扩大，其影响效应具有累积性和滞后性，开始时间、结束时间难以准确判定。与洪涝灾害、地震灾害等其他自然灾害不同，干旱灾害一般不会对人类社会造成直接的人员伤亡以及建筑物和基础设施的毁坏，但带给人类社会的影响和损失却有过之而无不及。

（二）干旱灾害的特点

1. 干旱灾害面积大，但分布不均匀

据统计，我国每年农田受旱涝灾害的面积约占总播种面积的27%，而其中60%左右是旱灾。全国大部分地区都会有旱灾出现，但分布不均匀，其中黄淮海地区占全国受旱灾面积的50%左右，长江中下游也是多旱灾的地区，这两个地区就占了全国受旱灾总面积的60%以上。

2. 干旱灾害出现频繁，有时持续时间较长

我国幅员辽阔、地形复杂，受季风气候影响，局地性或区域性的干旱灾害几乎每年都会出现。从干旱持续时间看，许多地区会出现春夏连旱或夏秋连旱，有时甚至春夏秋三季连旱。例如，华北地区干旱的持续时间一般为1~2个月或4~5个月，有些年

份干旱持续时间长达 5~7 个月。

3. 干旱常与高温同时出现

干旱灾害出现时往往伴随高温，致使旱情加重。特别是在长江流域的伏旱期间，由于气候和地理环境的特殊性，这种干旱与高温的叠加效应被进一步放大，给当地的农业生产、生态环境以及居民生活带来了前所未有的压力。农田龟裂、农作物枯萎、河流湖泊水位下降，这些都是干旱和高温共同作用下的直观表现，也是长江流域在伏旱期间不得不面对的严峻挑战。

三、干旱与干旱灾害的区别

干旱与干旱灾害的区别主要体现在其形成机制上。干旱主要是由降水偏少或气温偏高等气象因素异常导致的，属于自然现象；而干旱灾害则是干旱和人类活动共同作用的结果，是自然环境系统和社会经济系统在特定的时间和空间条件下耦合的特定产物。干旱就其本身而言并不是灾害，只有当干旱对人类社会或生态环境造成不良影响时才演变成干旱灾害。干旱只是起因，不是干旱灾害形成的唯一条件；干旱灾害是结果，其成因还与区域社会经济基础、抗旱减灾能力等多种因素相关。在相同的干旱强度下，灾情会因抗御能力、经济水平和人类对干旱的反应不同而呈现较大的差异。

干旱作为一种自然现象，人类无法控制它的发生，更不可能消灭它，所以干旱发生后，人类只能设法去适应它。干旱灾害则与人类社会活动密切相关，且人类社会活动在一定程度上能够起到放大或缩小干旱灾害影响的作用，因此人类可以通过调整自身的行为减轻干旱灾害的影响。

第二节　水稻干旱灾害的应对

由于生态环境不断遭到破坏，水资源日趋匮乏，干旱已成为制约水稻种植面积扩大和丰产稳产的主要自然因素。其中最为频繁的是夏秋旱，影响早稻灌浆和晚稻生长。

一、干旱对水稻产生的危害

开始受旱时水稻叶片白天萎蔫，但夜间可恢复。继续缺水则出现永久萎蔫，直至逐步枯死。苗期受旱，则生育期延长，抽穗延迟且不整齐，最多可延长 14~18 天。植株矮小、分蘖少，发生不正常的地上分枝。孕穗到抽穗期受旱，则抽穗不齐、授粉不良、秕谷大增。水稻干旱的土壤水分指标是土壤含水量小于田间持水量的 60%，此时生育期将受明显影响，如降到 40% 以下，叶片气孔停止吐水，产量将剧减。

二、水稻干旱灾害的预防

（一）避旱栽培

挖掘水源，扩大灌溉面积。选用抗旱品种，一般陆稻比水稻耐旱，大穗少蘖型品种比小穗多蘖型品种耐旱，且受旱后恢复力强。抗旱力强的品种具有根系发达、分布深广、茎基部组织发达、叶面茸毛多、气孔小而密、叶片细胞液浓度高及渗透压高等特征。水稻杂交育成的品种和籼、粳稻杂交育成的品种有良好的抗旱性。杂交中籼组合中的籼优系列比协优系列组合耐旱。

采用集中旱育秧的方法。旱育秧苗发根多、抗旱能力强，插秧后返青成活快。适当稀播，扩大单株营养面积，有利于壮秧。分期播种和插秧可避开用水高峰。水源不足可实行旱直播，插秧时若大田缺水可采取暂时寄秧的方法补救。可采取适期早播、分段育秧、合理肥水管理的方式，使抽穗期赶在伏旱高温到来之前。

（二）大田干旱要实行节水灌溉

重点确保返青和孕穗等关键期的水分供应。在早稻生长期间，充分利用自然降水，采用深蓄水、浅灌水的灌溉方法，即苗期大田蓄水 10 厘米，中后期蓄水 15 厘米，田面不开毛圻不灌水，每次灌水深度不超过 3 厘米，力争早稻不用或少用水库蓄水资源。在早稻成熟期和收割时，不排水、不晒田，晚稻采用免耕插秧的方式，间歇湿润灌溉。在不影响水稻产量的前提下，尽量减少灌溉用水量，增强蓄水资源抗大旱的能力。

（三）保水技术

利用有利地形修筑塘坝和水库，扩大蓄水能力，保证旱季稻田灌溉用水，或建设引水工程，引附近湖泊、江河水进行灌溉。中耕除草有利于根系发育，并减少杂草对水分的消耗。增施有机肥和磷、钾肥，提高土壤和植株保水能力。稻草还田覆盖，减少水分蒸发。对于水分极其缺乏的地区，可使用高分子保水剂，如以淀粉、丙烯腈为原料制成的高分子吸水树脂，以提高土壤保水能力。平整土地、改良土壤，是增强稻田保水能力的重要措施。平坦的稻田可以减少每次供水量，使全田稻株吸肥、吸水均匀，泥、水升温一致，促进水稻群体平衡生长，发育健壮，增强植株抗逆性。对于砂土和盐碱土，可大量施用有机肥料改良土壤，减少稻田渗漏量，提高保水能力，避免或减轻水稻旱害。

（四）合理布局

当初夏雨水充足时，扩大水稻种植面积，春旱连初夏的年份，则改水为旱，合理布局农作物。按照水源供水状况，合理搭配早、中、晚熟水稻品种。在干旱地区，可根据当地雨季到来的时间，进行分期播种、分期育秧和移栽，保证有水栽秧。易旱地区，也可采用旱直播的办法，在苗期实行旱生旱长。

三、水稻干旱的补救措施

在旱情开始前，喷施 0.2%~0.5% 的磷酸二氢钾，提高植株持水能力；当土壤有效水含量减少，植株开始出现暂时卷叶时，喷施抗蒸腾剂，减少水分丧失，提高植株耐旱能力。当久旱使上部叶片枯死时，则割去叶片并覆盖稻蔸，旱情解除后，稻蔸茎秆如果仍为绿色，则增加 1 次追肥，促进腋芽生长和再生稻的形成。干旱严重导致失收的，可改种玉米、甘薯等。

第三节　玉米干旱灾害的应对

一、玉米干旱的类型

玉米干旱灾害主要有春旱、伏旱和秋旱三类。

（一）春旱

春旱是指出现在 3—5 月的干旱，主要影响我国各地春播玉米播种、出苗与苗期生长。北方地区，春季干燥多风，水分蒸发量大，遇冬春枯水年份，易发生土壤干旱。播种至出苗阶段，表层土壤水分亏缺，种子处于干土层，不能发芽和出苗，播种、出苗期向后推迟，易造成缺苗；出苗的地块干旱苗势弱。苗期轻度水分胁迫对玉米生长发育影响较小。进入拔节期，植株生长旺盛，受旱玉米的长势明显不好，植株矮小，叶片短窄，植株上部的叶间距小。

（二）伏旱

伏旱，即伏天发生的干旱。从入伏到出伏，相当于 7 月上旬至 8 月中旬，出现较长时间的晴热少雨天气，这对夏季农作物生长很不利，比春旱危害更严重。伏旱发生时期，正是玉米由以营养生长为主向生殖生长过渡并结束过渡的时期，叶面积指数和叶面蒸腾均达到其一生中的最高值，生殖生长和体内新陈代谢旺盛，同时进入开花、授粉阶段，为玉米需水的临界期和产量形成的关键需水期，对产量影响极大。玉米遭受伏旱灾害后植株矮化，叶片由下而上干枯。

（三）秋旱

秋旱又称"秋吊"，是指在玉米籽粒灌浆阶段发生的干旱，发生在 8 月中旬至 9 月上旬，降水量小于 60 毫米或其中连续两旬降水量小于 20 毫米可作为秋旱指标。这个时期水分供应不足，影响灌浆，降低千粒重，直接影响农作物的产量和质量。

二、玉米干旱灾害的应对措施

（一）玉米春旱的应对

底墒不足并遇到连续干旱就会造成叶片严重萎蔫，使幼苗生长受到很大影响。此时需要及时进行适当灌溉并松土保墒，以供给幼苗期植株必要的水分，使其正常生长。此外，针对当地的天气情况，可采用苗期抗旱技术。

1. 因地制宜地采取蓄水保墒耕作技术

以土蓄水是解决旱地玉米需水的重要途径之一。建立以深松深翻为主体，松、耙、压相结合的土壤耕作制度，改善土壤结构，建立"土壤水库"，增强土壤蓄水保墒能力，提高抵御旱灾能力。冬春降水充沛地区、河滩地、涝洼地等进行秋耕、冬耕，能提高土壤蓄水能力，同时灭茬灭草，翌年利用返浆的土壤水分即可保证出苗。干旱春玉米区及山地、丘陵地区，秋整地会增加冬春季土壤风蚀，加重旱情危害，加大春播前造墒的灌水量。采取保护性耕作措施，高留茬或整秆留茬，春季秸秆粉碎还田覆盖；深松整地、不翻动土壤；或采用免耕播种、耕播一次完成的复合作业，可提高抗旱能力。

2. 选择耐旱品种

因地制宜地选用耐旱和丰产性能好的品种，是提高玉米发芽率，确保播后不烂籽、出全苗，提高旱地玉米产量的有效措施。耐旱玉米品种一般具有如下特点：根系发达、生长快、入土深；叶片叶鞘茸毛多、气孔开度小、蒸腾少，在水分亏缺时光合作用下降幅度小；灌浆速度快、时间长、经济系数高，因而产量高。

3. 种子处理

采用干湿循环法处理种子，可有效提高抗旱能力。方法是将玉米种子在 20～25℃ 温水中浸泡两昼夜，捞出后晾干播种。经过抗旱锻炼的种子，根系生长快，幼苗矮健，叶片增宽，含水量较多，具有明显的抗旱增产效果。另外，还可以采用药剂浸种法：用氯化钙 1 千克兑水 100 升，浸种（或闷种）5 000 千克，5～6 小时后即可播种，对玉米抗旱保苗也有良好的效果。提倡用生物钾肥拌种，每亩用 500 克，兑水 25 毫升溶解均匀后与玉米种子拌匀，稍加阴干后播种，能明显增强抗旱、抗倒伏能力。

4. 地膜覆盖与秸秆覆盖

覆膜栽培可防止水分蒸发、增加地温、提高光能和水肥利用率，具有保墒、保肥、增产、增收、增效等作用。对于正在播种且温度偏低的干旱地区，可直接挖穴抢墒点播，并覆盖地膜保墒，防止土壤水分蒸发。地面覆盖农作物秸秆后，地表处于遮阳状态，可减少地面水分蒸发，抑制杂草，减缓地面雨水集积径流的速度，减少地面径流量，增加土壤对雨水的积蓄量。

5. 抗旱播种

根据玉米生长习性，进入适播期后，利用玉米苗期较耐旱的特点，使玉米的需水规律与自然降水基本吻合，可基本满足玉米生长发育对水分的需求。遇到干旱时，可采用以下措施：一是抢墒播种；二是起干种湿、深播浅盖；三是催芽或催芽坐水种；四是免耕播种；五是坐水播种；六是育苗移栽。这样可实现一播全苗。其中，育苗移栽比大田种植在同生育时期能减少用水80%以上，并且可控性强。同时，还可实现适期早播，缓解与前作共生期争水、争光、争肥的矛盾，有利于保全苗、争齐苗、育壮苗。

6. 合理密植与施肥

要依据品种特性、整地状况、播种方式和保苗株数等情况确定播种量。为了保证合理的种植密度，在播种时应留足预备苗，以备补栽。有机肥不仅养分全、肥效长，而且可改善土壤结构，协调水、肥、气、热，起到以肥调水的作用；磷、钾肥可促进玉米根系生长，提高玉米抗旱能力。氮肥过多或不足都不利于耐旱。玉米根系分布有趋肥性，深施肥可诱使根系下扎，提高抗旱能力。正施肥（施肥于种子正下方）应注意种子（或幼苗）与肥料间距，以免在水分亏缺时发生肥害。

7. 抗旱种衣剂和保水抗旱制剂的应用

保水抗旱制剂在旱作玉米上的应用有两类。一类为土壤保水剂，是一种高吸水性树脂，能够吸收和保持自身重量400~1 000倍的水分，最高者达5 000倍。土壤保水剂吸水保水性强而散发慢，可将土壤中多余水分积蓄起来，减少渗漏及蒸发损失。随着玉米生长，再缓慢地将水释放出来，供玉米正常生长需要，起到"土壤水库"的作用。采用玉米拌种、沟施、穴施等方法，提高土壤保墒效果，使种子发芽快、出苗齐、幼苗生长健壮。另一类为叶片蒸腾抑制剂，例如黄腐酸、十六烷醇溶液，喷洒至叶片后可降低水分蒸腾，增强植株抗旱能力，提高其抗旱效果。

8. 加强苗期田间管理

玉米苗期以促根、壮苗为中心，紧促紧管。要勤查苗、早追肥、早治虫（如地老虎、蝼蛄等）、早除草，并结合中耕培土促其快缓苗、早发苗，力争在穗分化之前尽快形成较大的营养体。

（二）玉米伏旱的应对

1. 科学施肥

增施有机肥、深松改土、培肥地力，提高土壤缓冲能力和抗旱能力。

2. 及时灌水

适时灌水可改善田间小气候，降低株间温度 1~2℃，增加相对湿度，有效地削弱高温干旱对农作物的直接伤害。在有灌溉条件的田块，采取一切措施，集中有限水源，浇水保苗，推广喷灌、滴灌、垄灌、隔垄交替灌等节水灌溉技术；在水源不足的地方采取输水管或水袋灌溉，扩大浇灌面积，减轻干旱损失。

3. 加强田间管理

在有灌溉条件的田块，灌溉后采取浅中耕，切断土壤表层毛细管，减少蒸发；无灌溉条件的等雨蓄水，可以采取中耕锄、高培土的措施，减少土壤水分蒸发，增加土壤蓄水量，起到保墒作用。

4. 根外喷肥

用尿素、磷酸二氢钾水溶液及过磷酸钙、草木灰过滤浸出液在玉米大喇叭口期、抽穗期、灌浆期连续进行多次喷雾，增加植株穗部水分，降温增湿，为叶片提供必需的水分及养分，提高籽粒饱满度。

5. 辅助授粉

在高温干旱期间，花粉自然散粉传粉能力下降。可采用竹竿赶粉或采粉涂抹等人工辅助授粉法，增加落在柱头上的花粉量和选择授粉受精的机会，减少高温对结实率的影响，一般可使结实率增加 5%~8%。

6. 防治病虫害

做好虫害的监测，及时发布预警信息，提供防治对策。例如，统一调配杀螨类农药，集中连片化学防治玉米红蜘蛛。

7. 应用玉米抗旱增产剂

施用有机活性液肥 600~800 倍液或微生物有机肥 500 倍液，每亩用 500 克加水 150 倍喷洒；也可喷洒植物增产调节剂等。

8. 及时青贮，发展畜牧业，实现"种灾牧补"

在干旱绝产的地块，如玉米叶片青绿，可及时进行青贮。建造青贮窖，利用青贮饲料，增加畜牧业饲养量，促进畜牧业的发展。

在重灾区、绝收地区，及时割黄腾地，发展保护地栽培或种植蔬菜、小杂粮等短季农作物。力争当年投产、当年收益，弥补旱灾损失。

（三）玉米秋旱的应对

1. 灌好抽雄灌浆水

抽雄后是决定玉米粒数、粒重的关键时期，保证充足的水分，对促进籽粒形成、提高绿叶的光合能力、增生支持根、防玉米倒伏都具有明显的作用。饱灌抽雄灌浆水，以满足花粒期玉米对水分的需求，提高结实率，促进养分运转，使穗大、粒饱、产量高。

2. 根外追肥

叶面喷施含腐植酸类的抗旱剂，或者用磷酸二氢钾水溶液进行叶面施肥，给叶片提供必需的水分及养分，提高籽粒饱满度。

3. 防治虫害

注意防治红蜘蛛、叶蝉、蚜虫等干旱条件下易发生的害虫。

第四节　小麦干旱灾害的应对

一、小麦干旱灾害的类型

小麦在生长发育过程中，由于经常遭遇长期无雨的情况，土壤水分匮缺，导致小麦生长发育异常乃至萎蔫死亡，造成大幅度减产。

（一）秋旱

小麦播种至苗期，往往副热带高压南撤过快，北方干冷空气频繁南下，出现少雨干旱天气，空气相对湿度低，进而引起土壤干旱，使土壤湿度降至田间持水量的60%以下，影响播种，造成小麦"种不下、出不来""抢下种、出不全"的缺苗断垄局面。小麦播种时，土壤水分不足易造成小麦播种期推迟，大面积晚播，播种质量差，播后出苗不齐，影响分蘖和培养壮苗，麦苗整体素质差，抗灾能力弱，最终导致单位面积成穗不足，成熟期推迟。

（二）冬旱

冬旱导致小麦叶片生长缓慢，严重时可造成叶片干枯，越冬期小麦生长量小，大分蘖少，小麦根系发育不健壮。但是，一般情况下只要小麦生长中后期雨水条件比较正常，小麦的产量受影响较小。

冬季休眠需水很多，北方的冬旱实际上是一种生理干旱。浇过冻水的麦田由于冻后聚墒一般不缺水，但浇得过早或浇后气候反常回暖，表层水分蒸发形成土层后，根系又不能吸收冻结状态的水分，通常越冬期间干土层达3厘米就对小麦开始有不利影响；5厘米时小麦受影响严重，根茎明显脱水皱褶；8厘米时小麦分蘖节已严重脱水受伤，可能死亡。冬季受旱尚未死亡，到早春返浆时水分仍不能上升到分蘖节部位的，此时植株已开始萌动，呼吸消耗大，也可能衰竭死亡。

（三）春旱

春旱导致麦苗返青生长缓慢，茎叶枯黄，光合能力下降，干物质积累减少，小穗小花退化，穗头变小，每穗粒数减少，对产量的影响大于冬旱。北方春季水分供需矛盾最为突出，土壤湿度小于田间持水量的65%时小麦分蘖成穗率就会明显降低，抽穗开花期土壤湿度小于田间持水量的70%时会降低结实率。

（四）初夏干旱

灌浆前期仍是小麦需水高峰期，缺水可使部分籽粒退化和光合积累减少。后期严重干旱可造成早衰逼熟减产。

如果出现冬春连旱，小麦产量将受到极大的影响。若出现秋冬春三季连旱，小麦将大幅度减产。

二、小麦干旱灾害的应对措施

（一）小麦秋旱的应对措施

1. 抢墒播种

土壤含水量在15%以上或虽达不到15%但播后出苗期有灌溉条件的田块，均应抢墒播种。旱茬麦要适当减少耕耙次数，耕、整、播、压作业不间断地同步进行；稻茬麦采取免、少耕机条播技术，一次完成灭茬、浅旋、播种、覆盖、镇压等作业工序。

2. 造墒播种

对耕层土壤含水量低于15%，不能依靠底墒出苗的田块，要采取多种措施造墒播种。主要有以下5种方法。

一是有自流灌溉地区，实行沟灌、漫灌，速灌速排，待墒情适宜时用浅旋耕机条播。

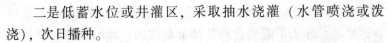

二是低蓄水位或井灌区，采取抽水浇灌（水管喷浇或泼浇），次日播种。

三是水源缺乏地区，先开播种沟，然后顺沟带水播种，再覆土镇压保墒。

四是稻茬麦地区，要灌好水稻成熟期的"跑马水"，以确保水稻收获前 7~10 天播种，收稻时及时出苗。

五是已经播种但未出苗或未齐苗的田块，要洇灌出苗水或齐苗水，注意不可大水漫灌，以防闷芽、烂芽；对于地表结块的田块要及时松土，保证出齐苗。

3. 物理抗旱保墒

持续干旱无雨条件下，底墒和造墒播种，播种后出不来或出苗保不住的麦田，可在适当增加播种深度 2~3 厘米的基础上再采取镇压保墒。一般播种后及时镇压，可使耕层土壤含水量提高 2%~3%。

播后用稻草、玉米秸秆或土杂肥覆盖等，不仅可有效地控制土壤水分的蒸发，还有利于增肥改土、抑制杂草、增温防冻等。

在小麦出苗后结合人工除草松土，可切断土壤表层毛细管，减少土壤水分蒸发，达到保墒的目的。

4. 化学抗旱

在干旱程度较轻的情况下，选用化学抗旱剂拌种或喷施，不仅可以在土壤含水量相对较低条件下促进早出苗、出齐苗，而且促根、增蘖、促快生叶，具有明显的壮苗增产效果。当前应用比较成功的有抗旱剂和保水剂两种。

5. 播后即管

由于受到干旱秋播条件的限制，播种水平、技术标准难以满足要求，必须及早抓好查苗补苗等工作，确保冬前壮苗，提高土壤水分利用率。出苗分蘖后遇旱，坚持浇灌、喷灌或沟灌，避免大水漫灌，防止因土壤板结影响根系生长和分蘖发生，中后期严重干旱的麦田以小水沟灌至土壤湿润为度，水量不宜过大，浸水时间不应过长，以防气温骤升而发生高温逼熟或遭遇大雨引起倒伏。

（二）小麦冬旱的应对措施

防御冬旱最主要的是适时浇好冻水。喷灌麦田可选回暖白天少量补水。没有喷灌条件的尽量压麦提墒，早春适当早浇小水。

（三）小麦春旱的应对措施

一是培育冬前壮苗，使根系强壮深扎，提高利用深层土壤水分的能力。

二是合理灌溉。针对保水能力强的黏土，早春不必急于浇水，蹲苗到拔节后和孕穗前再浇足，全生育期浇水次数宜少，量应足；易渗漏的砂土则应少量多次浇水。水源不足时要尽量确保切断毛细管，减少土壤蒸发，旱地小麦春季更要强调锄地保墒。

（四）小麦初夏干旱的应对措施

应小水勤浇，使小麦不过早枯黄，促进茎秆养分充分转移。但前期若持续干旱，后期不可突然浇水，否则会造成烂根。

多年的试验表明，在只浇一水的情况下，以拔节水的增产效益最为显著；在能浇二水的情况下，应保浇起身水和拔节孕穗水，保水能力强和越冬条件差的，也可保浇冻水和拔节水。

第五节　其他农作物干旱灾害的应对

一、蔬菜干旱灾害的应对

（一）加强在田蔬菜管理

1. 积极引水灌溉

积极寻找水源，引水灌溉，可采用滴灌或小沟渗灌等方式，对出现旱情的田块进行紧急灌溉；处于采收期的果菜宜随水适当追肥。灌溉宜在早晨或傍晚天气凉快时，以小水渗灌方式进行，切忌中午高温时大水漫灌。有条件的地方可采用人工降雨缓解旱情。

2. 强化遮阳保墒

采取遮阳网覆盖、地表铺草、大棚棚膜喷洒化学降温剂等方式，重点加强辣椒、番茄、茄子、黄瓜和豇豆等茄果类蔬菜、瓜类蔬菜和豆类蔬菜的防晒保墒，减少太阳直射，降低根际生长温度；同时要摘除老叶、病叶，减弱植株蒸腾作用，减少水分蒸发，促进蔬菜生长。

3. 抓好病虫害防控

高温干旱期间白粉病、锈病等气传性病害和粉虱、斜纹夜蛾等虫害易加重发生，应选择高效、低毒、低残留农药及时防控。高温天气应选择上午 8 时前或下午 5 时后施药防治，避免因高温造成农药蒸发或药液灼伤植株形成药害。

4. 及时采收上市

持续高温干旱易导致蔬菜价格波动，达到采收标准的菜田应及时采收上市，实现稳定供应；受灾的菜田可抓紧采收仍有商品价值的蔬菜，尽量减轻经济损失。

（二）秋冬播蔬菜田间育苗管理

1. 做好闷棚杀菌

设施蔬菜采收完毕并清除田间残株后，要及时翻耕，喷水湿地、薄膜密闭，进行高温闷棚；露地蔬菜应及时深翻，高温炕地，杀灭土壤中的害虫和病菌，为下茬蔬菜生产创造有利环境条件。

2. 抓紧抢播叶菜

抓住蔬菜"秋淡"期间价格较高的有利时机，加快整地抢播一批速生叶菜，适当增加叶菜类等的播种面积。可选用抗旱能力强、抗热性较好的蔬菜品种，如矮抗青小白菜、苋菜、早芹菜和油麦菜等速生叶菜。

3. 培育壮苗

秋延后蔬菜主要是指辣椒、茄子、番茄、豇豆和黄瓜等早秋栽培，晚秋或冬季采收的蔬菜，秋冬季这类蔬菜正处于苗期，其主要抗旱措施：遮阴降温保苗；适当喷水保湿；应用多效唑防徒长；土壤深翻晒垡；高温闷棚、杀虫灭菌；基肥堆沤腐熟杀菌灭虫、黑白两色地膜覆盖（浅色朝外）结合滴灌防旱。

4. 推进秋播生产

秋冬蔬菜早熟栽培，指芹菜、甘蓝、花椰菜、大白菜、芥菜和萝卜等蔬菜的早熟栽培，一般在 8 月中下旬播种。其主要防旱措施：选择耐热早熟品种；低温催芽（18~20℃），提高发芽率；适当喷水保湿，防止徒长；容器（营养钵、穴盘）育苗，提高成活苗率及成活率；土壤深翻晒垡，增施有机肥；地膜覆盖结合滴灌节水防旱；选择不同遮光率的遮阳网进行覆盖，喜光蔬菜宜选择遮光率较低的银灰色遮阳网，耐阴喜弱光蔬菜宜选择遮光率较高的黑色遮阳网。

（三）加强基础设施建设

1. 完善灌溉设施

加强抗旱保丰收基本设施设备建设，大型蔬菜基地应紧靠水源地建设，或修筑引水灌溉、集雨储水及田间灌溉设施，以备不时之需。

2. 普及水肥一体化技术

规模化蔬菜生产基地应建设水肥一体化设施，普及应用水肥一体化技术，有条件的应建设智能化灌溉系统。

3. 加强生态建设

加强菜田及周边生态保护力度，严防过度开采地下水，山区

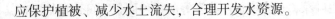

应保护植被、减少水土流失，合理开发水资源。

二、柑橘干旱灾害的应对

面对高温干旱灾情，应采取多种手段相结合，最大可能地降低高温干旱给果园造成的负面影响。做好柑橘园的抗旱减灾工作，从改善果园环境生态条件、提高柑橘树体的抗旱能力和加强果园管理3个方面入手。

（一）改善果园环境生态条件

1. 建设果园蓄水设施

我国柑橘产区的年降水量普遍在1 000毫米以上，应因地制宜、因陋就简，建设蓄水池，利用排水沟蓄水。抓住降雨时机，在确保安全的前提下，尽可能将现有水库、堰塘、水池蓄足水，以应对可能出现的干旱。

2. 保护利用果园周围植被

建设果园时应尽量保留果园周边植被，特别是丘陵顶部、山地中上部的自然植被，其涵养的水源可提高果园的空气湿度和土壤湿度，延缓干旱的发生。

3. 松土保水

中耕浅锄，用锄头在土壤表面松开10厘米左右厚的"暄土"，暄土不易开裂。暄土层与下层之间的毛细管被切断了，不能从下层获得水分，因此会迅速干燥成无水分可蒸发的"被子"，把下层水分牢牢地"捂"在土壤中。

4. 地面覆盖

干旱季节充分利用绿肥、杂草、稻草、麦秆、玉米秆、铁芒萁或茅草等进行树盘覆盖，盖10~20厘米厚，覆盖范围为距树干10~15厘米至树冠滴水线外50厘米左右，降低土壤温度，减少水分蒸发。同时，保留果园内的良性杂草，用来保墒、蓄水。

5. 地面生草

在雨季实行果园生草，减少水土流失，旱季来临时，刈割并将草覆盖在地面上。

6. 深翻改土蓄墒

通常1厘米厚的土壤可蓄水1毫米左右。通过逐年加深耕层厚度，可以打破常年耕作踩塌形成的坚实"犁底层"，降低农作物根系下扎阻力，扩大农作物的水、肥空间；同时，可将下层"死土"翻起，熟化其结构，风化其养分，提高土壤的耕作性能、保水性能和肥力；深耕还可加强土壤雨季吸纳降水能力，以供农作物旱季消耗。

（二）提高柑橘树体的抗旱能力

1. 科学节水灌溉

灌水方法一般采用穴灌、滴灌、浇灌、蓄灌和沟灌，但是注意千万别用漫灌。在清晨或傍晚进行灌水，每次每株树要灌20~50千克的水，把土壤灌透。注意：不要在中午土壤温度高的时候灌水，尤其不能灌溉冰冷水，以免引起落叶、落果，甚至死树。此外，可每半个月叶面喷施0.3%的尿素、0.3%的磷酸二氢钾溶液，进行保果壮果。

（1）穴灌。穴灌是用移动运水工具逐棵浇灌农作物根部土壤的一种节水灌溉方法，节水、省力、高效，其水分利用率可提高3~5倍。普通穴灌是在滴水线下挖3~5个20~35厘米深的穴，每穴灌水10~15千克，待水渗入土壤后，再将土壤填到穴内，同时也可填埋杂草和稻草，每2~4天灌水1次。

（2）滴灌。成年树每株每天滴水25~50千克，小树酌减，每株树2个滴头滴4~6小时。当土壤湿度达到田间持水量的60%~80%，即抓一把土能握成团，自由落体能碎掉的程度。

（3）浇灌。水源较差地块进行浇灌，可采用小型喷灌机提水直接浇于果树根盘，或采取逐株浇灌，以浇湿润为宜；无提水设备可进行挑水浇灌，应以一次性浇透为宜。

（4）蓄灌。水源充足地块可行蓄灌，将果园四周灌溉沟堵塞，灌水至果园半畦沟时停灌，使其慢慢浸透畦背，灌后及时将畦沟湿土覆盖畦背，以减少水分蒸发，提高水分利用率。

（5）沟灌。水源较好地块采取沟灌，先清理果园内行间畦沟，围绕果树主干以一定的半径（一般以 0.5~1.0 米为宜）开环状沟，逐株浸灌；丘陵山地果园可利用梯壁内沟浸灌，每次灌足灌透，灌后及时覆土和松土，减少地面水分蒸发。待下次出现叶片严重萎蔫，次日凌晨不能正常恢复时，再灌透水 1 次。

2. 适度修剪与抹梢

高温干旱时及时抹除树冠外部过多的嫩梢，剪除交叉重叠枝、病虫枝和纤弱枝，严重干旱时抹除未成熟的新梢，减少树体水分蒸腾，以减少水分蒸发和营养物质的浪费，缓解梢、果矛盾，使养分尽量向果实集中，满足果实生长需要，促进果实膨大，同时防止落果。

3. 选择抗旱砧木

容易干旱的丘陵和山地地区，采用根系发达、主根深的红橘和酸橙等砧木。

4. 平衡施肥，增强树势

改良土壤，平衡施肥，适当增施钾、磷肥和农家肥料。

（三）加强果园管理

1. 树干和果实防日灼

（1）果实阳面涂石灰浆、贴白纸。7—9 月，经常检查柑橘园，若发现受害果实（果实向阳面开始呈黄色），可在果实阳面涂刷石灰浆或贴白纸，轻度受害的果实能够逐渐恢复正常。因为石灰和白纸具有反射阳光的作用，可避免强光直射，防止日灼的效果可达99%以上。

（2）适当剪放晚夏梢。既可以增加叶果比，也可为果实遮阴，枝叶多，蒸腾量大，有利于降低果园温度。

（3）树干遮阴或涂白预防日灼。当年高接换种的大树或有树干裸露的树体，容易日灼，易造成主干裂皮和切口处开裂。受阳光直射的主干和大枝要用石灰涂白剂涂白枝干或用稻草包扎，预防日灼。

2. 提前给果实套袋

对易发生日灼地区的脐橙、柚子等大果品种，可实施果实套袋，具体做法：6月下旬至7月上旬疏果、定果后，采用柑橘专用果袋进行套袋，一果一袋。套袋前1天，对树冠均匀喷施广谱性防病、杀虫药剂。采收前7~10天摘去套袋，以促进果实着色。这是预防柑橘果实日灼病的有效方法，并可兼防病、虫、鸟、风的危害，提高果面光洁度。

3. 做好病虫害的防护

干旱是诱发潜叶蛾和锈壁虱的重要原因，所以果园要及时灌溉，保持正常的湿度。在秋梢大量萌发时喷药保护，可用25%除虫脲可湿性粉剂1 000~1 200倍液、10%吡虫啉可湿性粉剂1 500~2 000倍液、1.8%阿维菌素乳油3 000~3 500倍液等药剂，每7天喷1次，连续喷2~3次。喷药时避开高温时段，适当降低农药浓度，避免过多农药混用发生药害。田间劳作，注意预防中暑。

三、葡萄干旱灾害的应对

（一）旱灾对葡萄的影响和危害

葡萄耐旱能力强，但若遇久旱仍需及时灌溉。生长期间干旱会造成树体生长缓慢，枝条细弱萎蔫，叶片薄小、枯黄脱落，开

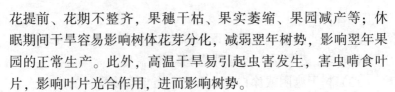

花提前、花期不整齐，果穗干枯、果实萎缩、果园减产等；休眠期间干旱容易影响树体花芽分化，减弱翌年树势，影响翌年果园的正常生产。此外，高温干旱易引起虫害发生，害虫啃食叶片，影响叶片光合作用，进而影响树势。

（二）葡萄防旱栽培技术措施

1. 利用抗旱砧木或抗旱葡萄品种栽培

不同栽培地区要结合实际，选择适宜的砧木和栽培品种，在利用砧木时，要综合考虑砧木接穗的结合情况。抗旱较好的砧木有1103P、5BB、3309C等，栽培品种可选择东亚种群的品种如新郁、无核白等。

2. 加强灌溉设施建设

推荐使用节水灌溉的方式，如滴灌、微喷灌等，根据果园需水情况及时进行果园灌溉，灌溉时间宜在上午10时前或下午4时后，结合覆膜覆草进行，减少水分蒸发、渗漏，提高水分利用率。

3. 果实负载量

在没有充足水分的情况下，可适当摘除旧叶、老叶、病叶，修剪过多、过密果穗，控制适当的产量可减少干旱对树体造成的影响。

4. 改变起垄方式

改变原有的排水起垄栽培为开小灌溉沟，提高现有灌溉水分利用率。

5. 施氮肥、喷施叶面肥，增强树体抗旱性

减少氮肥施用，加大有机肥的施入，提高土壤保水性能；叶面喷施0.1%~0.3%的磷酸二氢钾溶液可减少叶面晒伤，喷施0.5%~1.5%的乙酸钙溶液能提高葡萄植株的抗旱性，或者合理使用土壤保水剂等。

6. 中耕松土

及时中耕松土，防止因地表水分流失而造成水资源利用率低等情况。

7. 加强病虫害防控

及时除草，清理害虫栖息地，喷施防虫剂，避免病虫害发生加重旱情的影响。

四、梨园干旱灾害的应对

为减轻高温干旱对梨园的危害，提出如下技术措施。

（一）做好梨园灌溉

各地要因地制宜、因园施策，广辟水源。梨园持续干旱后地表板结，根据梨园现有的基础设施，可采取穴灌、沟灌、滴灌、喷灌等方式，避免大水漫灌。穴灌前可在树冠滴水线间隔挖 2~3 个穴，深、宽均为 20~30 厘米，灌完水后回填土壤并用草覆盖，每次在挖穴处灌水，3~4 天灌一次，每次每穴灌 10~15 千克水。有水肥一体化等滴灌设施的梨园，滴头要移动到树冠滴水线附近，成年梨树每株每天滴水 10~15 千克。要尽量避开高温时段灌水，防止用冷水灌溉加剧树体萎蔫。农事操作人员要注意防暑降温。

（二）加强田间管理

生草、覆盖、松土可明显降低地表温度，延缓水分蒸发。应尽量保留梨树树盘外浅根矮秆草。有条件的梨园浅松表土，在树盘覆盖杂草、秸秆、可降解地布等，增加保湿隔热作用，增强梨树抗旱能力。加强对梨叶螨、梨木虱、梨黑斑病等病虫害的防控。

（三）重视灾后恢复

干旱严重的梨园，易早期落叶及开秋花，对已经发生秋季二

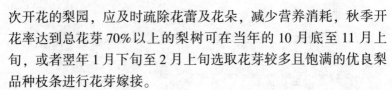

次开花的梨园，应及时疏除花蕾及花朵，减少营养消耗，秋季开花率达到总花芽 70%以上的梨树可在当年的 10 月底至 11 月上旬，或者翌年 1 月下旬至 2 月上旬选取花芽较多且饱满的优良梨品种枝条进行花芽嫁接。

旱情缓解后，及时施基肥。在 10—11 月，开沟施入有机肥加氮磷钾复合肥。

完善梨园基础设施。合理规划蓄水池、排水沟，完善灌排水功能。有条件的梨园配备水肥一体化等灌溉设施，提高防御干旱能力。

第四章 农作物高温灾害的应对

第一节 高温灾害概述

一、高温天气

我国一般把日最高气温达到或超过 35℃ 的天气称为高温天气。我国高温天气一般与副热带高压、青藏高压和大陆热高压的活动密切相关。在这些高压影响控制范围内，盛行下沉气流，晴朗少云。高压控制影响时间越长，高温灾害出现的可能性越大，影响和危害也越严重。如今高温天气已不再是一种单纯的自然现象，存在着很大的人为因素，它与现代社会的生产方式、生活方式和消费方式等息息相关。

二、高温灾害

高温灾害主要是指气温达到 35℃ 以上，动植物不能适应这种环境而引发各种事故的灾害现象。高温之下，种植业与养殖业生产都会受到一定影响，使旱情进一步加重，增加农业生产损失。由于近年来高温天气的频繁出现，高温带来的灾害日益严重。为此，我国气象部门针对高温天气的预防，特别制定了高温预警信号。

2007 年中国气象局最新颁布的《气象灾害预警信号发布和

传播办法》把高温灾害分为 3 个级别：较重高温（黄色预警），连续 3 日最高气温将在 35℃以上；严重高温（橙色预警），24 小时内最高气温将在 37℃以上 40℃以下；特别严重高温（红色预警），24 小时内最高气温将在 40℃以上。

三、高温对农作物的危害

（一）生理损伤与光合作用受阻

持续的高温会对农作物的生理机能造成显著损伤。当温度超过农作物所能承受的范围时，农作物体内的叶绿素会失去活性，进而大幅度降低光合作用速率。光合作用是植物生长的基石，一旦受阻，植物将无法进行正常的糖分合成与累积。白天的高温环境特别会抑制这一生命过程，导致植物难以获取足够的能量来维持其生命活动和生长。更为严重的是，夜晚如果温度也居高不下，植物的呼吸作用会加速，这不仅消耗了植物白天积累的有限能量，还会进一步削弱其整体的生长势头，对农作物的最终产量和品质产生不良影响。

（二）形态改变与生长迟缓

长时间暴露在高温环境下，农作物可能会出现形态上的改变。最常见的是茎秆变短、叶片萎缩变小，甚至整个植株都会变得矮小、发育不良。这种形态上的变化不仅影响了农作物的外观，更重要的是限制了其进一步生长和发育的潜力。同时，高温还会加剧植物体内水分的蒸发，一旦水分补充不及时，植物就会因失水而干枯，甚至死亡。这种由高温引起的生长迟缓，会直接导致农作物产量的大幅下降。

（三）生殖受阻与果实发育异常

对于许多开花结果的农作物来说，高温是一个尤为严重的威胁。过高的温度会干扰花芽的正常分化，使得原本应该形成雌花的部分转而形成雄花，这大大降低了农作物的授粉机会和结实率。更为糟糕的是，即使在果实形成后，高温仍然会对其造成不良影响。强烈的阳光直射会导致果实和叶片出现日灼，严重影响果实的外观和品质，甚至可能使其完全失去商品价值。此外，高温环境还会阻碍果实中的色素形成，使得果实转色不均，进一步影响其市场接受度。

(四) 农作物衰老加速与生命周期缩短

高温环境还会加速农作物的衰老过程。在过高的温度下，农作物的生长速度虽然会加快，但这种加速往往是以牺牲品质为代价的。全生育期的缩短意味着农作物没有足够的时间来充分吸收养分和进行光合作用，从而导致其提前成熟和衰老。这种"早熟"现象不仅会降低农作物的产量，还会严重影响其口感和营养价值。

(五) 病毒病风险增加与传播加速

在高温干旱的条件下，病毒病的发生和传播风险会显著增加。这是因为干燥的环境有利于病毒的存活和传播。一旦农作物感染病毒病，其叶片可能会出现条斑等症状，而果实则可能变小、畸形甚至完全失去商品价值。这种由高温引发的病毒病不仅难以控制，而且会对整个农田的生态系统造成长期的不良影响。

第二节　水稻高温灾害的应对

一、高温对水稻的危害

高温在水稻全生育期都会造成负面影响，不同的时期危害程度不同，在幼穗分化3~5期35℃以上的连续高温危害尤为严重。高温危害的主要表现如下。

（一）抽穗不整齐，出现早穗减产现象

水稻秧苗期遇到持续高温、秧田缺水的情况，前期生长旺盛的秧苗提前进入幼穗分化的状态，在移栽后 12～15 天抽穗，穗明显弱小，生产上称其为"带胎移栽"，处理不及时，会影响其他分蘖的生长发育，严重情况下减产 20%～40%。这种现象在短生育期品种上出现较多，相对迟熟的品种出现频率较少。

（二）出现白穗、颖花败育，减产明显

水稻处于幼穗分化 3 期出现连续高温的年份，多数会观察到水稻抽穗以后出现白穗及颖花败育的情况，这是水稻在幼穗分化发育过程中受到高温胁迫，发育停止所导致的结果。不同品种耐受高温的能力不同，部分品种在幼穗分化时遇到 38℃ 的高温持续 5 天，减产能达到 30% 以上。

（三）结实率下降，严重影响产量

高温天气下，水稻结实率下降应该是普遍的现象，减产幅度 5%～50%。不同品种在同一区域的表现有差异，有些品种相对耐高温，减产幅度不明显；穗大的品种结实率降低比穗小的品种更加明显。所以高温天气也是选择品种的重要因素。

（四）千粒重下降，产量降低

抽穗期遇高温天气的水稻，普遍出现千粒重降低的现象，千粒重高的品种降低明显，千粒重小的品种降低幅度相对偏小。

二、水稻对高温的生理反应

（一）生长发育受阻，生长缓慢

高温天气下，水稻代谢速率下降，生长发育受阻，同时出现蛋白质转性，导致光合作用酶系统、呼吸作用酶系统等失效，从而出现光合作用速率下降的现象。试验表明，水稻的光合速率在高温情况下明显放缓，随着时间的增加会出现小幅度的上升，总

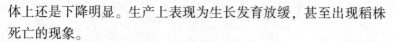

体上还是下降明显。生产上表现为生长发育放缓，甚至出现稻株死亡的现象。

（二）蒸腾作用加强，吸水能力下降

高温天气下，水稻蒸腾作用加强，水分散失量大于水分吸收量，表现出叶片干枯、扭曲的症状。在这个过程中，水稻的气孔非正常关闭，导致植株体内的碳供应失衡，失水严重。同时，水稻根系在高温状态吸水能力降低，水分供应不能抵消蒸腾作用挥发的水分。

（三）花期发育失常，授粉结实状态遇阻

水稻生长过程中日平均温度 30℃ 以上就会产生不利影响。孕穗期如遇 35℃ 以上的持续高温，水稻花器发育不全，花粉发育不良，活力下降；抽穗扬花期如遇 35℃ 以上高温，产生的热害影响散粉和花粉管伸长，导致不能受精而形成空壳粒，造成结实率下降，千粒重偏低，甚至绝收。

三、水稻高温灾害的应对措施

（一）科学选择品种

选择优质、多抗品种。例如，盐两优 2208 在湖北省多地示范种植过程中表现较好，高温条件下产量表现较好。

（二）加强田间水的管理和病虫害防治

若中稻抽穗遇高温，稻田必须灌 5～10 厘米的深水层，这样能降低土壤温度，增强水稻根系的活力，同时又能增加其穗层的空气湿度，有利于水稻受精、结实。另外，长时间高温干旱易导致病虫害的发生。因此，加强中稻后期病虫害防治很关键。

（三）采取根外喷肥方法

根外喷施 3% 的过磷酸钙溶液或 0.2% 的磷酸二氢钾溶液，外加营养液肥，可增强水稻植株对高温的抗性，有减轻高温热害、

提高结实率和千粒重的效果。

第三节　玉米高温灾害的应对

一、高温热害对玉米的危害

以玉米各生育时期的平均气温进行研究表明，遭遇 29℃ 的轻度热害，玉米减产 11.9%；遭遇 33℃ 的中度热害，玉米减产 53%；遭遇 36℃ 的重度热害，玉米基本绝收。

(一) 影响光合作用

玉米受高温危害时，其叶面光合性能丧失或明显下降。玉米高温时的光合效能（轻度、中度和重度高温热害的平均数值）比适温时下降 25%~30%。玉米苗期遇持续 5 小时以上 36℃ 高温，会发生中度热害。玉米生殖生长期遇持续 5 小时以上 32℃ 气温，会发生中度热害。玉米成熟期遇持续 10 小时以上 28℃ 气温，也会产生中度热害。气温在 38~39℃ 时，若持续 1 小时，玉米的光合效能下降 40%；若持续 3 小时以上，玉米的光合效能下降 70%。受 38~39℃ 高温热害 1 小时的玉米，若放在 20℃ 的环境条件下 6 小时，光合效能可恢复到 65%。

高温时玉米的呼吸作用加快，干物质积累随温度的升高而不断减少甚至降为零。高温热害持续的时间越长，玉米的受害越重。

(二) 影响玉米雌穗和雄穗

1. 对雄穗的影响

适宜玉米雄穗开花的温度是 25~28℃、相对空气湿度在 65%~70%。雄穗抽出 3~5 天开始开花，开花后 2~3 天达盛花，全穗所有花开完需经 7~9 天。有活力的花粉为淡黄色，失去活力的花粉为深黄色或黄褐色。玉米雄花全天可开放，但开放最多的是在上午7—9时。气温超过35℃，花药不能正常裂开和散粉，其活力将很快丧失；气温超过38℃，玉米不开花。

2. 对雌穗的影响

气温正常时，玉米雄花始花后1~4天雌穗开始伸长。玉米雌花花丝有6~7天的受精能力，但抽丝后2~5天受精能力最强；抽丝后6~9天花柱活力迅速衰退，11天后受精能力完全丧失。玉米雌穗花丝受精后伸长停止，2~3天后凋萎。多天气温持续超过30℃，同时相对空气湿度低于60%，玉米雌穗很难授粉，玉米缺粒大量出现，减产不可避免。

二、高温热害的防控措施

（一）选用良种

不同玉米品种耐高温的性能有差异，有的对高温有较好的耐受性，有的不耐高温。种植者要根据当地气候和土壤等灵活选用最适宜的品种，所选品种应是丰产、稳产、植株相对矮小、果穗较小、株型紧凑、叶短小直挺、叶厚深绿色、光合效能高、抗病虫害等的耐热品种。可供选用的耐高温品种有郑单958、晋单65、中农大788、京农科728、美豫22、鲁研23、隆玉369、十星978、粒收一号、登海605和中种8号等。

（二）适期播种

长江中下游地区，高温热害集中出现在每年的6月底至10月上旬，玉米的抽穗、抽丝、开花、散粉、授粉、受精和籽粒灌浆期如能避开高温热害期，就可减轻或避免高温热害。春玉米采用温室大棚或塑料小拱棚育苗移栽，播种期提早至3月上中旬，于4月上中旬移栽于地面覆膜大田，让散粉、受精和灌浆前期在气温相对适宜的5月底或6月上中旬进行，可避开高温热害对玉米最敏

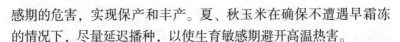

感期的危害，实现保产和丰产。夏、秋玉米在确保不遭遇早霜冻的情况下，尽量延迟播种，以使生育敏感期避开高温热害。

（三）科学施肥

1. 施肥原则

有机肥营养成分全面、丰富，有增加土壤有机质、改良土壤、提高土壤保水保肥和供水供肥等作用，又能提高和缓解玉米的高温热害。氮、磷、钾等要平衡施用，以提升玉米的耐热性能。偏施或重施氮肥，会削弱玉米的耐热性能，遇高温时热害将多发和重发。缺锌、硼等微量元素的田地，适量施用相应微肥，能够提高玉米的耐高温热害能力。拔节和孕穗肥可适当多施，苗肥和后期施肥要适当少施或不施，重视生长后期的叶面追肥。基肥和追肥的施用量和数次要根据土壤肥力、基肥施用量和苗情等灵活确定，土壤较肥沃、基肥施用较多、苗情较好的，施肥量和数次要适当减少，反之适量增加。

2. 基肥

大田翻耕整地前，中等肥力的地，每亩撒施腐熟猪牛粪500~600千克或腐熟鸡粪100~130千克、过磷酸钙40千克、硫酸钾10~12千克、尿素6~7千克、硫酸锌1千克；缺硼的田地，另施硼砂1千克，翻耙1~2次后做畦。

3. 追肥

3~4叶期施苗肥，每亩沟施或穴施尿素5~6千克，或施兑水腐熟粪500~600千克。拔节初期苗情好、基肥足的，追肥量适当减少，反之适量增加。每亩沟施或穴施三元复合肥13~15千克。穗肥于玉米雄穗抽发前10~12天施用。土壤较肥沃和植株长势较旺的，适当减少穗肥用量，反之适当增加。每亩施三元复合肥16~18千克。

玉米灌浆期，不脱肥的玉米可以不追施粒肥或只进行叶面追肥，以免后期贪青。脱肥的地块，玉米灌浆期每亩撒施尿素 4~5 千克或三元复合肥 7~8 千克。

4. 根外追肥

玉米拔节期、孕穗期、散粉期和灌浆期各叶面喷施 1 次 0.3% 的磷酸二氢钾溶液，每亩每次喷洒 50~60 千克，能够明显提高玉米耐高温热害能力。脱肥的玉米，在散粉期和灌浆期各叶面喷洒 1 次 1% 的尿素 +2% 的过磷酸钙浸出液 +0.3% 的磷酸二氢钾混合液，每次每亩喷洒 60~70 千克，可明显提高授粉、受精率和植株的耐热性能。

（四）合理密植

1. 过密的影响

玉米栽培过密，田间通风、透光差，生态环境恶化，遇高温时热害会加重。

2. 根据品种、土壤肥力等确定栽培密度

株高、叶宽且长、长势旺的品种，栽植密度要适当降低，反之密度略提高。肥沃或肥水管理较好时，栽培密度适当降低，反之适当提高。中、晚熟玉米品种要适当栽稀，反之略栽密。栽植密度适宜时，植株间的水、肥、气、光条件较好，个体发育均匀又健壮，能增强耐高温热害的能力。

3. 建议采用宽窄行栽培

玉米采用宽窄行栽培，有利于田间通风透光，可减轻高温热害的危害。玉米宽窄行栽培时，宽行 70 厘米、窄行 50 厘米。

4. 较适宜的栽培密度

玉米较适宜的栽培密度：小穗品种每亩 4 000~4 500 株，大穗品种每亩 3 300~3 700 株，中穗品种每亩栽培株数介于前面两者之间。

（五）辅助授粉

高温时玉米的授粉、受精和结实能力下降，采用人工等辅助授粉，可大大提高授粉、受精率和产量。

1. 混栽其他品种

栽培玉米时，混栽 1/3 的熟期相近的 2~3 个其他品种，能够增加散粉量和授粉、受精时间，高温时可大幅提高授粉、受精率和产量。

2. 花粉采集

玉米开花散粉期遇 37℃ 持续高温，应实施人工辅助授粉。花粉收集方法：事前准备好一个塑料盆或木盆，盆底垫白纸，于上午 8—10 时采集花粉，将正在开花的雄穗斜倾拉于盆中央上空，轻轻抖动几下，花粉就会落于盆中的纸上，如此收集 20~30 株雄穗花粉，接着快速对雌花丝人工授粉。每次从收集花粉到授完粉应在 2~3 小时内完成，以免降低花粉活力。

3. 人工授粉方法

授粉时用毛笔或小棉球蘸花粉，对准雌穗花丝授粉，每蘸 1 次花粉可给 2~3 个雌穗授粉。高温时，在雄穗开花散粉期每天上午到玉米地用小竹棍或木棍轻轻拍打雄穗，可帮助花粉散飞，提高雌穗的授粉、受精率，也能达到预防空粒和增产的效果。

（六）防旱灌水

1. 防旱

高温时玉米地缺水，热害会明显加重。玉米地（畦）用地膜或农作物秸秆等覆盖，可以较好地控制高温热害和抗旱。需要注意的是，除早春外，玉米地覆膜要用白色或反光膜，不可用黑色地膜，以防产生相反作用。

2. 灌水

玉米苗期需水较少，需水量只占全生育期需水量的 18%~19%；雄穗抽发至灌浆期需水最多，占全生育期需水量的 43%~44%；玉米成熟期需水较多，占全生育期需水量的 37%~38%。

玉米每生产1千克籽粒，需耗水560~600千克。玉米是种需水较多的农作物，缺水时遇高温，热害将加重。玉米较适宜的土壤含水量为田间持水量的70%~75%，低于田间持水量的70%应酌情补水。高温干旱时，每隔7~10天沟灌或穴灌1次。灌水不可大水串灌或漫灌，以防土壤板结，加重高温热害。有条件的地方可建喷灌设施，高温时不定时向玉米植株喷水，能降低田间温度1~3℃。

第四节　小麦高温灾害的应对

一、高温对小麦的影响

小麦是一种适温农作物，夏季温度过高会对其生长产生不良影响。具体表现在以下3个方面。

（一）苗期

播种后，温度和湿度对小麦出芽的影响很大，出芽要求温度在20℃左右，温度过高容易造成小麦徒长，会在冬前苗旺长，群体结构增大，拔节提前，导致小麦抵御外界不良环境能力降低。

（二）返青拔节期

春节后，随气温回升，小麦开始进入返青拔节期，小麦返青拔节期最适温度为15℃，此时期高温会使小麦倒第一、第二节间过长，穗分化加快，抗逆性差，后期易倒伏。

（三）生长中后期

中后期主要是灌浆期，随着气温不断升高，此期间对小麦生长影响较大的是干热风，在高温高湿的环境下，小麦蒸腾作用加重，自身含水量下降，体内水分失衡，易造成小麦脱水、停止生长，同时也会出现各种病害，影响小麦产量和品质。

二、高温的防范措施

为了避免高温对小麦生长的影响，可以采取以下措施。

（一）灌溉保护

在高温天气中，应尽量增加灌溉量，保持土壤湿润，提高小麦的抗旱能力。

（二）注重施肥

在高温天气中，应增加小麦的氮、磷、钾等肥料供应，提高小麦的养分水平，增加其生长速度和产量。

（三）喷灌降温

在高温天气中，可以通过喷水等方式为小麦降温。这样既可以降低温度，又可以增加土壤湿度，提高小麦的生长质量。

（四）选用适应性强的品种

针对不同的高温环境，可以选用适应性更强的小麦品种，如早熟、耐旱、耐高温的品种等。

（五）加强田间管理

在高温天气中，应加强对小麦的田间管理，及时除草、防病虫害，保证小麦正常生长。

三、小麦干热风害的应对

对小麦来说，高温灾害主要表现为干热风害。干热风是指伴随高温、低湿和一定风力的，影响小麦生长发育造成其减产的灾害性天气。

（一）干热风害的症状

干热风害是小麦生育后期经常遇到的气象灾害之一。麦株的芒、穗、叶片和茎秆等部位均可受害。从顶端到基部失水后青枯变白或叶片卷缩凋萎，颖壳变为白色或灰白色，籽粒干瘪，千粒重下降，影响小麦的产量和质量。小麦干热风害无论是在南方还是北方，无论是在春麦区还是冬麦区均常发生。例如，淮北冬麦区于4月底至5月底，从小麦开花至灌浆结束，连续出现6~7级干热风19天，即出现开花高峰期转移、花期缩短、小花败育率增加或灌浆期缩短、灌浆量减少、芒角增大或植株失水严重，造成茎叶青枯逼熟等现象。内蒙古春麦区6月20日至7月25日小麦进入抽穗至成熟期，此期间32℃以上天气持续5天，则发生干热风害。

（二）干热风害的防治方法

1. 合理施肥

提倡施用酵素菌沤制的堆肥，增施有机肥和磷肥，适当控制氮肥用量，合理施肥不仅能保证供给植株所需养分，而且对改良土壤结构、蓄水保墒、抗旱防御干热风起着很大作用。

2. 深耕

加深耕层，熟化土壤，使根系深扎，增强小麦抗干热风能力。

3. 选择抗旱品种

在干热风害经常出现的麦区，应注意选择抗逆性强的早熟品种。在冀中南冬小麦产区，选择冀麦40号、邯6172、石新733、石麦14号、石麦15号、石家庄8号、藁优9618、石优17号等抗干热风品种。

4. 其他方法

（1）适时早播，培育壮苗，促小麦早抽穗。适时浇好灌浆水、麦黄水，是防御干热风的有效措施。

（2）在小麦拔节至抽穗扬花期，喷洒6%~10%的草木灰浸提液1~2次，可以增强叶体细胞的吸水力。每亩喷配好的草木灰浸提液 50~60 千克，孕穗至灌浆期喷洒磷酸二氢钾，每亩用量为 150~220 克，兑水 50~60 千克；拔节至穗期也可喷洒增产菌，每亩 50 毫升，兑水 50~60 千克。

（3）在中后期适时浇水可减轻受害。做到以水肥改善麦田小气候，延长灌浆时间，减轻干热风害。

（4）于小麦拔节至灌浆期喷洒叶面肥，隔 10 天 1 次，连续喷洒 2 次，可提高小麦抗旱、抗干热风能力。此外，于小麦苗期、返青拔节期、灌浆期各喷 1 次含腐植酸水溶肥料，提高其抗干热风能力。

（5）必要时，将多功能高效液肥随水浇入土壤中，效果也很好。

（6）在小麦开花至灌浆期喷洒 0.05% 阿司匹林水溶液（加少许黏着剂）1~2 次，可有效防止干热风引起的早衰，能增产 10%~20%。

第五章　农作物低温灾害的应对

第一节　低温灾害概述

一、低温灾害的概念

低温灾害是指在农作物生长季节，由于低于其生育期适宜温度下限的低温影响，农作物生育延迟或发生生理障碍而减产的危害。低温灾害包括冻害和寒害。

在有强冷空气入侵时，最低温度降低至0℃或0℃以下，对农作物会造成伤害，这种伤害叫作冻害，一般分为越冬冻害和霜冻害两种；但有时温度虽然没有降低至0℃以下，却对热带作物的生长造成一定的伤害，这种灾害叫作寒害，主要发生在冬季。

二、低温灾害的危害

农作物的不同生长阶段，对温度条件的要求是不相同的。低温对农作物的危害程度，取决于低温强度和低温持续的日数。低温灾害一般可以分为两种情况：一是在农作物营养生长阶段，低温引起农作物生育期延迟，使农作物在生长季节内不能正常成熟，造成减产歉收；二是在农作物生殖生长阶段，生殖器官受低温影响，不能健全发育，产生空壳秕粒，进而减产。

第二节　水稻低温灾害的预防

一、什么是水稻低温冷害

水稻低温冷害，通常指水稻遭遇生长发育最低临界温度以下的低温，不能正常生长发育而减产。低温冷害是寒地稻作生产的主要障碍之一。水稻低温冷害通常分为延迟型冷害、障碍型冷害、混合型冷害和稻瘟病型冷害。延迟型冷害是指水稻生长发育期间（主要是营养生长期，有时也包括生殖生长期）遇到低温，生理活性被削弱而使生育期显著延迟，水稻不能正常成熟而减产；障碍型冷害是指水稻在生殖生长期（主要是从颖花分化期到抽穗开花期）遇到短暂而强烈的低温，生殖器官受破坏而减产；混合型冷害是指以上两种冷害兼而有之，危害最为严重。此外，由于冷害年的稻瘟病比常年发生范围更广，常年不易发病或抗病品种也发病受害，这种具有冷害特色的稻瘟病异常发病通常被称作稻瘟病型冷害。

二、水稻低温冷害的发生时段

水稻生长发育阶段对低温较敏感的时期主要有 4 个。苗期决定单位面积穗数；幼穗分化期决定粒数，即减数分裂期障碍型冷害使花粉粒发育受阻，结实率低；抽穗开花期决定结实率，是对低温最敏感的时期，障碍型冷害造成开花极少或不开花，结实率低；灌浆成熟期决定水稻的千粒重。

三、水稻低温冷害的预防

（1）选用耐寒品种，合理搭配品种；适时精量播种、建立适宜群体结构；合理施肥，适当多施磷肥，提高秧苗耐寒能力。

（2）间歇灌溉、适时深灌；稻苗遇到低温冷害，应及时加深水层护苗；分蘖期湿润灌溉，促进水稻根系生长和吸收养分，促进有效分蘖；分蘖后期晒田，控制无效分蘖。抽穗前 10 ~ 15 天，深水灌溉，水深要求达到 15 ~ 20 厘米，即孕穗期深水护胎，保护水稻幼穗形成、减数分裂、抽穗开花，防御水稻低温冷害发生。

四、水稻幼苗发生冻害的原因及补救措施

水稻在幼苗期（包括水稻种子萌动发芽、出苗至三叶期）遭遇连续几天的低温天气，就会使稻苗生长迟缓、植株发黄、叶干甚至死苗。

（一）水稻幼苗发生冻害死苗的原因

（1）水稻幼苗期遇到气温低于 10℃，且连续时间在 3 天以上，大多秧苗都会受到不同程度的冻害。

水稻种子萌发最低温度是 10℃，最适温度是 30℃，最高温度是 40℃左右。在 30℃的温度条件下发芽快而整齐，温度高于 40℃则会抑制幼根、幼芽的生长，甚至使其灼伤；温度低于 10℃，种子即停止发芽。

10℃是水稻幼苗生长的温度界限，当气温低于 10℃稻苗也会停止生长，连续 3 天以上的低温就会发生冻害，稻苗甚至有可能会被冻死。

（2）水稻秧苗期如果连续多天阴雨绵绵，光照不足，就会造成水稻幼苗全株叶色转黄，首先在植株下部产生黄叶，随后部分叶片现白色或黄色至黄白色横条斑。这是因光照不足水稻幼苗光合作用就会停止，没有了养分的供应就会生长迟缓、变黄甚至死亡。

（二）水稻幼苗受冻害的补救措施

（1）覆膜育秧。秧苗发生冻害后，天气转晴时，要在太阳出来之前开始揭膜通风，缓慢提高棚内的温度，避免秧苗受到更严重的伤害。

（2）水稻露地湿润育秧。用水将厢面淹没，水位的深度根据秧苗的高度确定，一般在3厘米左右，这样以水调温可减缓冷害。

（3）改善育秧田间的小气候。当遇到连续多天低温时，每隔2天更换新水1次，充分补充水中氧气，待天气转暖后逐渐排水。也可采取普通的"浅水勤灌"方法，即傍晚在秧田里灌水过夜，第二天太阳升起的时候，再把秧田中的水放掉，使夜间秧田的温度变化不大，从而起到保温作用。

（4）对受冻较轻的秧苗，不宜直接追施化肥，但可喷施叶面肥加速秧苗恢复，促进秧苗的生长。

如果天气转晴后马上撒施尿素，不仅根系吸收不了，反而会将刚发的幼嫩新根烧死，从而加速秧苗的死亡。因此，对受冻的秧苗，不能急于追施化肥。对已受冻害的苗床，可以及时喷施磷酸二氢钾等叶面肥，促进秧苗的生长。

第三节　玉米低温灾害的应对

一、低温对玉米的影响

（一）低温对玉米生长的影响

持续低温会导致玉米生长缓慢甚至停滞不前。这是因为玉米的生长主要依赖于温度和水分，低温会影响植物代谢和生物化学反应，并减缓植物体内酶活性和酸碱平衡，从而影响农作物养分吸收和生长发育。

（二）低温对玉米养分吸收的影响

低温会导致土壤中的微生物活性降低，从而使玉米对养分的吸收能力降低。低温同时也会影响玉米根系的生长和发育，使其根发育不良，吸收养分的能力受到影响，从而引起植株养分供应不足。

（三）低温对玉米病虫害的影响

低温会降低农药的有效性，使农药的毒性降低，从而对病虫害的防治效果降低。此外，低温会削弱玉米的抵御力，使植株易于感染一些病虫害，从而影响其产量和质量。

（四）低温对玉米品质的影响

低温会使玉米的质量下降。低温会使玉米的应力物质含量增加，导致玉米的食味降低。此外，低温还会使玉米籽粒的颜色变黄，品质下降，影响销售和市场竞争力。

二、玉米冷害的预防

冷害是指在农作物生长季节 0℃ 以上低温对农作物产生的损害，又称低温冷害。冷害使农作物生理活动受到阻碍，严重时破坏某些组织。例如，在北方夏季，玉米长期以来适应了高温的条件，因此对稍低的温度不能适应，当日平均气温降低至 20℃ 以下时，其正常生长便受到影响。

（一）选用早熟品种

选用早熟品种是避免低温冷害减产的重要措施。一般原则是品种生育期不应超过当地多年平均无霜期的天数。各品种所需的积温应与当地可能提供的积温相协调，避免盲目选用晚熟品种。

（二）选育耐寒品种

玉米品种间耐低温差异很大，应因地制宜选用适合的耐低温、高产的优质玉米品种。玉米基因型间耐寒性差异较大。有些品种在 7.2℃ 时就会受冷害致死，有的品种遭受 -4.2℃ 的冷害仍有部分植株能够存活。选育苗期耐寒品种，还有利于适期早播，延长玉米生育期，提高产量。

（三）种子处理

用浓度 0.02%~0.05% 的硫酸铜、氯化锌、钼酸铵等溶液浸种，可提高玉米种子在低温下的发芽力，并使玉米提前 7 天成熟，减轻成熟期冷害。

（四）适时早播

按照当地气候特点科学地确定播种期，适期早播。据试验，早播可巧夺前期积温 100~240℃，应掌握在 0~5 厘米地温稳定通过 7~8℃ 时开始播种，覆土 3~5 厘米，集中在 10~15 天内播完。必要时选用育苗移栽，可以提前播种。

（五）苗期施磷肥

苗期施磷肥对于缓解玉米低温冷害有一定的效果。在玉米种肥中施入磷肥总量的 1/3，或每亩施入固氮磷钾菌 2~3 千克，效果较好。对于没有施入种肥的田块，可在苗期喷施磷肥叶面肥。也可用生物钾肥 0.5 千克加水 250 毫升拌种，稍加阴干后播种。

（六）催芽坐水种

催芽坐水种可提早出苗 6 天，早成熟 5 天，增产 10%。将合格的种子放在 45℃ 的温水里浸泡 6~12 小时，然后捞出放在 25~30℃ 室温条件下催芽，2~3 小时将种子翻动 1 次，在种子露出胚根后，置于阴凉处炼芽 8~12 小时，将催好芽的种子坐水种或开沟滤水播种，要浇好水、覆好土以保证出苗。

（七）地膜覆盖

地膜覆盖在玉米上应用，可以有效地增加地温（≥10℃ 活动积温 200~300℃·天），提早成熟 7~15 天，生育期延长 10~15

天；可以抗旱保墒保苗，提高土壤含水量3.6%~9.4%；还可以促进土壤微生物活动，加速土壤中的养分分解，使农作物吸收土壤中更多的有效养分，从而促进玉米的生长发育，提高抗低温冷害的能力。

（八）育苗移栽

育苗移栽一般可增加积温250~300℃，比直播增产20%~30%。在上一年秋季选岗平地作苗床，翌年播种催芽，此时注意要浇透水，播种后要立即覆膜；温度管理是育苗的关键，在出苗至2叶期温度控制在13.6~30℃；2叶期至炼苗前温度控制在25~38℃，以控制叶片生长，促进次生根的发育，提高秧苗素质；在移栽的前5天，要根据天气情况逐渐增加揭膜面积进行炼苗，晚上如无霜冻可不盖膜。

（九）苗期早追肥

早追肥可以改善因低温造成的土壤微生物活动弱、土壤养分释放少、基肥及种肥不能及时满足玉米肥料需求的情况，从而促进玉米早生快发，起到促熟和增产的作用。

（十）加强田间管理

1. 深松或深蹚

玉米出苗后对于土壤含水量较高的地块，可进行深松，能起到散墒、沥水、增温、灭草等作用；对于土壤含水量适宜的地块，进行深蹚，可增温1~2℃。

2. 间苗去蘖

在玉米2~3叶期进行一次间苗，留大苗、壮苗，去掉弱苗和老苗。玉米每拖后一个叶间苗，生育期将延迟3天，所以要及时间苗。另外，在玉米茎基部腋芽发育成的分蘖不能结实，为无效无蘖，应结合第二遍锄地及早去掉以减少养分消耗。

3. 早锄勤蹚

东北北部春季易涝，草荒较重，应加强田间锄蹚，要达到三锄三蹚的标准，每锄蹚一遍可增温1℃，早熟1~2天。

4. 除草去老叶

在玉米开花授粉后，人工锄除大草，去掉玉米雄穗以下的衰老黄叶。消灭大草，通风透光，增加地温1.5℃，减少养分消耗，增加粒重，减少秃尖，促进早熟3~4天，增产效果明显。

5. 隔行去雄

在雄穗刚露出顶叶时，隔一行去掉一行雄穗，可以减少养分消耗，使更多的养分、水分供给雌穗，这样可以增产10%，提早成熟4天。

6. 站秆扒皮晾晒

在蜡熟中期籽粒形成硬盖时，将苞叶轻轻扒开，使果穗籽粒全部露出，进行晾晒，可以加速果穗和籽粒水分散失，促进籽粒脱水，提高籽粒品质，使提前收获。

7. 适时晚收

玉米是较强的后熟农作物，生理成熟后，籽粒重量还会增加，因此适当晚收可提高成熟度，增加产量。一般玉米收获期以霜后10天左右为宜。

三、玉米霜冻害的预防

0℃以下低温引起农作物受害，称为霜冻害。由于强冷空气突然侵入，气温骤然降至0℃或0℃以下，引起农作物体内结冰，以致死亡。每年入秋后第一次出现的霜冻，称为初霜冻；每年春季最后一次出现的霜冻，称为终霜冻。因为初霜冻对农作物生长危害严重，所以有农作物"秋季杀手"的称号。

（一）选择适宜品种

掌握当地低温霜冻发生的规律，选择生育期适宜品种，使玉米播种于"暖头寒尾"，成熟于初霜之前；相同生育期品种，应选择籽粒灌浆脱水速率快的。

（二）抗寒栽培

选择抗寒力较强的品种，采用能提高玉米抗寒能力的栽培技术。

（三）浇冻水

可在预计有霜冻出现的前两天傍晚浇水，增加土壤水分，增加近地面层的空气湿度，减缓夜晚地面长波辐射的散热程度。另外，湿土比干土的热容量和导热系数大，可延缓地表温度的降低，保护地面热量，提高地层气温 1~3℃。

（四）喷水防霜

进入霜期后，坚持每天清晨到田间，用手触摸检查玉米叶片是否出现结冰。若出现结冰，可于早晨太阳出来之前，用喷雾器在叶片上喷水防霜（不可用温水）。此法适用于不同苗龄的冬玉米防霜。

（五）熏烟防霜

霜冻来临 2 小时前在上风口点燃能产生大量烟雾的物质，如秸秆、柴草、锯末等，改变局部环境，降低冻害损失。但此法会污染大气，适于短时霜冻或价值较高的玉米田使用。

（六）遮盖防霜

用稻草、杂草、尼龙薄膜等覆盖农作物或地面，既可防止外面冷空气的袭击，又能减少地面热量向外散失，一般能保证覆盖物下温度比气温高 1~3℃。寒流来临之前还可在苗周围高培土，重点保护生长点，过后再扒开，也能降低晚霜冻影响。

（七）利用地膜增温效应改善防霜微环境

采用地膜覆盖栽培的冬玉米，破膜放苗后，破膜口暂时不用盖土。这样，白天膜下土壤、水分和空气吸收的热量，夜间和清晨就不断从破膜口释放出来，使玉米苗周围空气保持较高的温

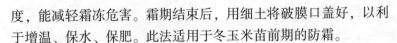

度，能减轻霜冻危害。霜期结束后，用细土将破膜口盖好，以利于增温、保水、保肥。此法适用于冬玉米苗前期的防霜。

（八）施肥防霜

霜冻来临前 3~4 天，在玉米田间施厩肥、堆肥和草木灰等，既能提高地温，又能增加土壤团粒结构，提高地力。增施磷、钾肥，可增加玉米抗冻性。

（九）风障防霜

在霜冻来临前，于田间北面设置防风障，阻挡寒风侵袭，减免农作物受低温霜冻的危害。由于防风障背风范围有限，该方法适合于小面积地块。

四、玉米发生霜冻害后的补救措施

霜冻发生后，应及时调查受害情况，制订对策。仔细观察主茎生长锥是否冻死，若只是上部叶片受到损伤，心叶基本未受影响，可以加强田间管理，及时进行中耕松土，提高地温，追施速效肥，加速玉米生长，促进新叶生长。

玉米苗期受冻后，抗逆性有所下降，应根据田间情况，加强病虫的预测预报并及时做好防治工作。

对于冻害特别严重，致使玉米全部死亡的田块，要及时改种早熟玉米或其他农作物。

第四节　小麦冻害的应对

一、小麦冬季冻害的应对

（一）冬季冻害的发生症状

冬季冻害是指小麦进入冬季至越冬期间由于寒潮降温引起的

冻害。小麦冬季冻害主要包括初霜冻害和越冬期冻害。由于秋末强寒潮侵袭，日最低气温突然降至 0℃ 以下而形成的小麦冻害，称为初霜冻害，又叫早霜冻害、秋霜冻害。小麦越冬期间持续低温（多次出现强寒流）或越冬期间因天气反常造成冻融交替而形成的小麦冻害，称为越冬期冻害。小麦冬季冻害是我国小麦生产上的主要农业气象灾害之一，发生次数多、面积大、危害重，严重影响和制约我国的小麦生产。

1. 小麦冬季冻害发生时间

随地理纬度和海拔高度而变，地理纬度和海拔高度越高，初霜冻害发生时间越早。长城以北地区，初霜冻害 9 月上旬至 10 月上旬开始，黄河及淮河流域，初霜冻害 10 月中旬至 11 月上旬开始，而在长江流域，初霜冻害 11 月下旬至 12 月上旬开始，华南及青藏高原无明显霜冻。小麦越冬期冻害通常发生于 12 月下旬至翌年 2 月中旬。

2. 小麦冬季冻害的发生症状

我国北方气候寒冷，冬季最低气温常下降至 -20℃ 左右，在无雪层保护的多风干旱情况下，小麦常会被冻死，麦田死苗现象较为普遍。

而在偏南地区，入冬后，气温逐渐降低，麦苗经过低温抗寒锻炼，细胞组织内糖分积累，细胞液浓度增加，抗寒能力大大增强，一般不会冻死麦苗。

但没有经过低温锻炼的麦苗，或播种早、生长过旺的麦苗，或耕作粗放、播种失时、冬前生长不足的麦苗，由于细胞组织内积累糖分少，细胞液浓度低，抗寒能力差，在气温骤降时，麦苗就容易受冻，表现为叶尖或叶片呈枯黄症状。由于埋在土层中的分蘖节、根系及茎生长点未被冻死，当气温回升后，麦苗逐渐恢复生长。

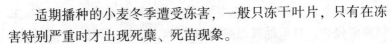

适期播种的小麦冬季遭受冻害，一般只冻干叶片，只有在冻害特别严重时才出现死蘖、死苗现象。

3. 分蘖受冻死亡的顺序

先小蘖后大蘖再主茎，最后冻死分蘖节。冬季冻害的外部症状表现明显，叶片干枯严重，一般叶片先发生枯黄，而后分蘖死亡。

（二）冬季冻害的预防措施

1. 选用抗寒品种

选用抗寒耐冻品种，是防御小麦冻害的根本保证。各地要严格遵循先试验再示范推广的用种方法，结合当地历年冻害发生的类型、频率、程度及茬口情况，调整品种布局，半冬性、春性品种合理搭配种植。对冬季冻害易发麦区，宜选用抗寒性强的冬性、半冬性品种。

2. 合理安排播期和播量

对历年多次小麦冻害调查发现，冻害减产严重的地块多是使用春性品种且过早播种和播种量过大引起的。特别是遇到苗期气温较高的年份，麦苗生长较快，群体较大，春性品种易提早拔节，甚至会出现年前拔节的现象，因而难以逃过初冬的寒潮袭击。因此，生产上要根据不同品种，选择适当播期，并注意中长期天气预报，暖冬年份适当推迟播种，人为控制小麦生育进程，且结合前茬农作物腾茬时间，合理安排播期和播量。

3. 提高整地质量

土壤结构良好、整地质量高的田块冻害轻；土壤结构不良、整地粗糙、土壤翘空或龟裂缝隙大的田块受冻害重。

4. 提高播种质量

平整土地有利于提高播种质量，减少"四籽"（缺籽、深籽、露籽和丛籽）现象，可以降低冻害死苗率。

5. 培育壮苗

苗壮是麦苗安全越冬的基础。适时适量适深播种、培肥土壤、改良土壤性质和结构、施足有机肥和无机肥、合理运筹肥水和播种技术等综合配套技术，是培育壮苗的关键技术措施。实践证明，小麦壮苗越冬，因植株内养分积累多、分蘖节含糖量高，与旺旺苗、晚弱苗相比，具有较强的抗寒能力，即使遭遇不可避免的冻害，其受害程度也大大低于旺旺苗和晚弱苗。由此可见，培育壮苗既是小麦高产技术措施，又是防灾减损重要措施。

6. 中耕保墒

霜冻出现前和出现后及时中耕松土，能起到蓄水提温、有效增加分蘖数、弥补主茎损失的作用。冬锄与春锄，既可以消灭杂草，使水肥得以集中利用，减少病虫害发生，又能消除板结，疏松土壤，增强土层通气性，提高地温，蓄水保墒。

7. 镇压防冻

对麦田适时、适量镇压，有调节土壤水分、空气、温度的作用，是小麦栽培的一项重要农艺措施。镇压能够破碎土块，踏实土壤，增强土壤毛管作用，提升下层水分，调节耕层孔隙，弥合土壤裂缝，防止冷空气入侵土壤，增加土壤比热容和导热率，平抑地温，增强麦田耐寒、抗冻和抗旱性能，防止松暄冻害，减少越冬死苗。

8. 适时浇好小麦冻水

（1）看温度。日均气温 3～7℃ 土壤日消夜冻时浇冻水。过早因气温高、蒸发量大，入冬时已失墒过多；过晚或气温低于 3℃ 会造成田间积水，如地面结冻会引起窒息死苗。

（2）看墒情。砂土相对湿度低于 60%、壤土低于 70%、黏土低于 80% 时要浇冻水。墒情好的可不浇或少浇。

（3）看苗情。麦苗长势好、底墒足的田块可适当晚浇或不浇，防止群体过旺过大。晚茬麦因冬前生长期短苗小且弱，只要底墒尚好也可不浇，但要及时镇压保墒。

（4）要适量。水量不宜过大，一般当天浇完，地面无积水即可，使土壤相对湿度达到80%。

9. 增施磷、钾肥，做好越冬覆盖

增施磷、钾肥，能增强小麦抗低温能力。"地面盖层草，防冻保水抑杂草"，在小麦越冬时，将粉碎的农作物秸秆撒入行间，或撒施暖性农家肥（如土杂肥、厩肥等），可保暖、保墒，保护分蘖节不受冻害，对防止杂草翌年春季旺长具有良好作用。麦秸、稻草等均可切碎覆盖，覆盖后撒土，以防被大风刮走，开春后，将覆草扒出田外。在弱麦苗田覆盖牛马粪，既能提高地温、保护根部，又能促进根系生长，为翌年春季小麦生长提高肥力。方法是：将牛马粪捣细，撒盖在麦苗上面，厚度以2~3厘米为宜。翌年春小麦返青前，结合划锄把牛马粪搂到麦垄中间。

（三）冬季冻害发生后的补救措施

在一株小麦中，如果冻死的是主茎和大分蘖，而小分蘖还是青绿的或在大分蘖的基部还有刚刚冒出来的小分蘖的蘖芽，经过肥水促进，这些小分蘖和蘖芽可以生长发育成为能够成穗的有效分蘖，因此，对于发生冻害的麦田不要轻易毁掉，应针对不同的情况分别采取补救措施。

1. 严重死苗麦田

对于冻害死苗严重、茎蘖数少于20万/亩的麦田，尽可能在早春补种，点片死苗可催芽补种或在行间串种。存活茎蘖数在20万/亩以上且分蘖较均匀的麦田，不要轻易改种，应加强管理，提高分蘖成穗率。对于3月才能断定需要翻种的地块，只好改种春棉花、春花生、春甘薯等农作物。

2. 旺苗受冻麦田

对受冻旺苗，应于返青初期用耙子狠搂枯叶，促使麦苗新叶

见光，尽快恢复生长。同时，应在日平均气温升至3℃时适当早浇返青水并结合追肥，促进新根新叶长出。虽然主茎死亡较多，但只要及时加强肥水管理，保存活的主茎、大分蘖，促发小分蘖，仍可争取较高产量。

3. 晚播弱苗受冻麦田

加强对晚播弱苗受冻麦田的增温防寒工作，如撒施农家肥，保护分蘖节不受冻害。同时，早春不可深松土，以防断根伤苗。

4. 年前已拔节的麦苗田

土壤解冻后，应抓紧晴天进行镇压，控制地上部生长，延缓其幼穗发育并追加土杂肥等，保护分蘖节和幼穗。或结合冬前化学除草喷一次矮壮素、多效唑或多唑·甲哌鎓，控制基部节间伸长，增强麦株抗寒能力。

5. 主茎和大分蘖已经冻死的麦田

对主茎和大分蘖已经冻死的麦田，早春要及时追肥。

第一次在田间解冻后即追施速效氮肥，每亩施尿素10千克，采取开沟深施的方法，以提高肥效；缺墒麦田尿素要兑水施用；磷素有促进分蘖和促根系生长的作用，缺磷的地块可采取尿素和磷酸二铵混合施用的方法。

第二次在小麦拔节期，结合浇水施用拔节肥，每亩用10～15千克尿素。对一般冻害麦田（小麦仅叶片冻枯，没有死蘖现象），早春应及时划锄，以提高地温，促进麦苗返青；在起身期还要追肥浇水，以提高分蘖成穗率。

6. 加强中后期肥水管理

受冻麦田植株由于体内的养分消耗较多，后期容易发生早衰，在春季第一次追肥的基础上，应看麦苗生长发育状况，依其需要，在拔节期适量叶面追肥，促进穗大粒多，提高粒重，争取把冻害损失降低到最低限度，提高小麦产量。

二、小麦春季冻害的应对

(一) 春季冻害的发生症状

春季冻害，也称晚霜冻害，是指小麦在过了"立春"节气进入返青至拔节这段时期，因寒潮到来降温，地表温度降至0℃以下所发生的霜冻危害。

在3—4月，小麦已先后完成了春化阶段和光照阶段的发育，此时其抗寒能力降低，完全丧失了抗御0℃以下低温的能力，当寒潮来临时，夜间晴朗无风，地表层温度骤降至0℃以下，便会发生春季冻害。

发生春季冻害的小麦，叶片似被开水浸泡过，经过太阳光照射后便逐渐干枯。包在茎顶端的幼穗其分生细胞对低温的反应比叶细胞敏感。幼穗在不同的发育时期受冻程度有所不同，一般来说，已进入雌雄蕊原基分化期（拔节初期）的易受冻，表现为幼穗萎缩变形，最后干枯；而处在二棱期（起身期）的幼穗，受冻后仍然呈透明晶体状，未被冻死，往往表现出主茎被冻死，分蘖未被冻死，或仅一个穗部分受冻的情形。有些年份，小麦春季冻害不止出现1次，而会出现多次。

(二) 春季冻害的预防措施

1. 选种播种

因地制宜选用适宜当地气候条件的冬性、半冬性或春性品种，冬小麦不要选择冬性太弱或春性太强的品种，以避免冬前和早春过早穗分化；对于经常发生晚霜冻危害的地区，还应搭配耐晚播、拔节较晚而抽穗不晚的小麦品种以减轻霜冻危害；因品种的特性适期播种；采用精量、半精量播种技术。

2. 掌握安全拔节期

小麦拔节前和拔节后在抗寒能力上有质的差别。拔节以后抗寒性明显削弱。因此，安全拔节期是小麦气候学上一个重要指标。各地在确定品种利用、安排不同品种的适宜播种期以及选育小麦新品种时，都应力求使小麦的拔节期不早于安全拔节期。

安全拔节期的确定，以各地出现终霜期最低气温低于-2℃且拔节（生物学上的拔节期）10 天后有 90%左右不再受春季冻害的保证率为重要依据，各地可以根据终霜出现在各旬的实际年数，制成表格作为参考，提早动手做好控制早拔节和防御春霜冻害的各项准备工作，以求减轻冻害损失。

3. 对生长过旺小麦适度抑制其生长

主要措施是早春镇压和起身期喷施多唑·甲哌鎓。春季对早播过旺麦苗采取蹲苗与拔节前镇压措施，适当压伤主茎和大蘖，镇压的旺长麦田，小麦早春冻害较轻，这是因为对旺苗镇压，可抑制小麦过快生长发育，避免其过早拔节而降低抗寒性，因此早春镇压旺苗，是预防春季冻害简便易行的方法。

另外，在小麦起身期喷施多唑·甲哌鎓，既可以适当抑制小麦生长发育，提高抗寒性，又可以抑制基部 3 个节间过度伸长，提高抗倒性。一般每亩用 30~40 毫升多唑·甲哌鎓兑水 30 千克喷雾即可。

4. 冻前浇水

冻前浇水是防御春霜冻害最有效措施之一。一般在霜冻出现前 1~3 天进行麦田灌水，可提高地温 1~3℃，能显著减轻冻害，具有防霜作用。其原因：水温比发生霜冻时的土温高，冻前浇水能带来大量热能；土壤水分多，土壤导热能力增强，可从深层较热土层处传来较多热能，缓和地面冷却速度；水的比热容比空气和土壤的比热容大，浇水后能缓和地面温度的变化幅度；浇水后地面空气中水汽增多，在结冰时，可释放潜热。

有浇灌条件的地区，在拔节至孕穗期，晚霜来临前浇水或叶

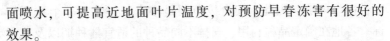

面喷水，可提高近地面叶片温度，对预防早春冻害有很好的效果。

5. 喷施拮抗剂预防早春冻害

小麦返青前后喷施拮抗剂，能够预防和减轻早春小麦冻害。遭受早春冻害后的补救措施是补肥与浇水。小麦是具有分蘖特性的农作物，遭受早春冻害的小麦分蘖不会全部冻死，还有小麦蘖芽可以长成分蘖并成穗，因此应立即撒施尿素（每亩 10 千克）和浇水。氮素和水分的耦合作用能促进小麦早分蘖和促进小蘖赶大蘖，提高分蘖成穗率，减轻冻害的损失。

（三）早春冻害发生后的补救措施

1. 受冻害严重的麦田不要随意耕翻

生产实践证明，只要分蘖节不冻死，随着气温回升，很快就会长出新的分蘖，仍能获得较好收成。一般不要毁种、刈割或放牧，即使冻死较多，只要及时浇水追肥，都能促使小蘖和分蘖芽迅速萌发，仍有可能获得较好收成，一般都要比毁种的效果好。农谚有"霜打麦子不可怕，一棵麦子发两杈"的说法。

2. 受冻的黄叶和"死"蘖也不应割去

试验表明，小麦受冻后，在一定时期内，冻"死"蘖的根系所吸收的养分可以向未冻死的分蘖转移。保留黄叶和"死"蘖对受冻麦苗恢复生机、增加分蘖成穗有显著促进作用。

3. 清沟理墒

对受冻的小麦，更要降低地下水位，注意养护根系，增强其吸收能力，以保证叶片恢复生长和新分蘖发生及成穗所需养分。

4. 及时施用肥水

对叶片受冻较重、茎秆受冻较轻而幼穗没有冻死的麦田要及时浇水，可避免幼穗脱水致死，有利于麦苗迅速恢复生长，多数能抽穗结实。

对部分幼穗受冻麦田，肥水结合施用，尤以施速效氮肥为佳，每亩追硝酸铵 10~13 千克或碳酸氢铵 20~30 千克，结合浇水、中耕松土，促使受冻麦苗尽快恢复生长。遭受冻害折磨的麦苗，体内消耗养分较多，苗势已很弱，随着气温日渐回升，麦苗迅速长出新的茎蘗，急需大量养分给予补充，以满足正常生长发育。

5. 加强病虫害防治

小麦遭遇冻害后自身长势衰弱，抗病能力下降，易受病菌侵染，要注意随时根据当地植保部门的测报进行药剂防治。

6. 及时换茬

主茎和大分蘗全部冻死的田块，可以采用强春性品种春播（指南方麦区）或耕翻后播种其他早春农作物。

第六章　农作物风灾的应对

第一节　风灾概述

一、风灾的概念

风灾是指因暴风、台风或飓风过境而造成的灾害。风是跟地面大致平行的空气流动，是由于气压分布不均匀而产生的。风是一种极其普通的自然现象，人极易感知，也可以用视觉观察外在物体形态的变化而感知风的存在和强度。风灾与风向、风力和风速等有密切关系。

风灾形成的原因除各种自然因素外，还常与人类对自然环境的破坏有关，如滥采地下水、破坏地表植被、汽车尾气等大量温室气体排放形成温室效应等。

二、风灾的等级

风灾灾害等级一般可划分为3级。

（一）一般大风

相当6~8级大风，主要破坏农作物，对工程设施一般不会造成破坏。

（二）较强大风

相当9~11级大风，除破坏农作物、林木外，对工程设施可造成不同程度的破坏。

（三）特强大风

相当于 12 级及以上大风，除破坏农作物、林木外，对工程设施及船舶、车辆等可造成严重破坏，并严重威胁人类生命安全。

三、常见风型

（一）暴风

暴风是指大而急的风，高出地面 10 米平均风速 28.5～32.6 米/秒。暴风往往与雨相伴，一次时间较为短促。

（二）台风

台风是指发生在太平洋西部海洋和南海海上的热带空气漩涡，是一种极猛烈的风暴，风力常达 10 级以上，同时伴有暴雨。夏秋两季常侵袭我国。

（三）龙卷风

龙卷风是指风力极强而范围不大的旋风，系自积雨云中下伸的漏斗状云体。形状像一个大漏斗，轴线一般垂直于地面，在发展的后期因上下层风速相差较大可呈倾斜状或弯曲状。其下部直径最小的只有几米，一般为数百米，最大可达千米以上；上部直径一般为数千米，最大可达 10 千米。龙卷风的尺度很小，中心气压很低，造成很大的气压水平梯度，从而导致强烈的风速，往往超过 100 米/秒，破坏力非常大。在陆地上，能把大树连根拔起，毁坏各种建筑物和农作物，甚至把人、畜一并卷起；在海洋上，可以把海水吸到空中，形成水柱。这种风少见，范围小，但造成的灾情却很严重。

（四）飓风

飓风是指发生在大西洋西部的热带空气漩涡，是一种极强烈

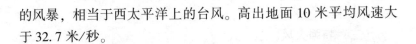

的风暴，相当于西太平洋上的台风。高出地面10米平均风速大于32.7米/秒。

第二节　水稻风灾倒伏的应对

一、倒伏产生的原因

随着种植密度、施肥水平的提高和病虫危害的加重以及不良气象条件的频繁出现等，在水稻生产过程中经常会出现倒伏现象。倒伏多发生在水稻生长后期，尤其是乳熟至成熟期，这时正值水稻籽粒灌浆期，穗头较重，如遇易造成倒伏的内在、外在条件，极易出现倒伏现象。倒伏越早，对产量的影响越大。据测算，水稻乳熟期倒伏可减产30%，蜡熟期与黄熟期倒伏可减产20%。造成倒伏的原因包括品种自身原因，栽培技术不到位，干旱、洪涝、台风等自然灾害以及病虫害破坏水稻根系等。要提前做好预防。

二、风灾倒伏的预防措施

（一）选用抗倒伏品种
因地制宜选用适合当地的2~3个抗倒伏品种。一般株高较矮、茎秆较粗、抗倒伏能力较强的品种比较合适。

（二）加强管理
培育壮苗、优化群体、科学灌溉，使水稻的生长更加健康，增强其对自然灾害的抵抗能力。

（三）合理用肥
后期氮肥用量过多会出现稻株的贪青，营养器官继续生长，极易出现倒伏。要采用配方施肥技术，合理施用氮、磷、钾肥，防止偏施、过量施氮肥，必要时喷施壮秆调节物质，或喷施活性液肥。

（四）科学管理水分

浅湿灌溉，水稻拔节期田面灌水坚持干湿交替原则，每次灌 3~6 厘米深的水层，让其自然落干，待水层降到地面以下 10~15 厘米时再灌水，从而使田间水分状态呈现"几天水层、几天湿润、几天干"的周期性变化。

（五）合理密植

控制种植密度，保持适当的株距和行距，保证地下有健壮的根系和地上叶片光合作用面积，既有利于通风透光，使茎叶组织健壮，增强对病虫害的抵抗能力，又可增强茎秆的抗倒伏能力。

（六）适时晒田

在水稻分蘖末期要进行排水晒田，控制无效分蘖，改善土壤环境，增强根系活力，使稻苗健壮稳长。

（七）化学调控

在直播稻分蘖末期和破口初期各用 1 次多效唑调控，每亩用 15% 多效唑可湿性粉剂 30~50 克，兑水 30~40 千克均匀喷施。有显著的控长防倒伏增粒重效果。在水稻拔节期搁田，结合施用烯效唑与钾肥，防倒伏效果也很明显。

必要时喷施壮秆调节物质或活性液肥。对有倒伏趋势的直播水稻，在拔节初期喷洒 5% 烯效唑乳油 100 毫克/升，也可选用多唑·甲哌鎓，防倒伏效果优异。

（八）加强预测预报

加强自然灾害和病虫害的预报工作，增强防御自然灾害和病虫害的能力。在病虫害的防治方面，要早发现、早防治，在药剂选择方面，要仔细分析病虫害的类型和药剂的特性，合理用药。

三、倒伏后的补救措施

对刚齐穗就发生倒伏的晚稻，可立即采取以下补救措施。

（一）及时开沟排水轻搁田

有利于降低田间湿度，防止纹枯病等病害的蔓延，延长稻叶功能期，促进籽粒继续灌浆，减少因茎秆腐烂而导致的倒伏。可在田间四周开排水沟，保持干干湿湿的灌水方法，恢复稻体生机。阴天时可一次性排干积水，高温强光时应逐步排水，傍晚时排水最有利于恢复生长。对这类倒伏田，以后田间不宜再留水层，可用灌"跑马水"的方式补充水分。

（二）喷施叶面肥

倒伏的早青水稻，光合作用差，影响灌浆结实，必须及时补充营养。一般亩施尿素 2.0~2.5 千克+磷肥 5 千克，并进行根外追肥，即在抽穗20%时，亩用赤霉酸1克+尿素250克+磷酸二氢钾150克，兑水60千克进行叶面喷施。

（三）及时用药防治病虫害

水稻倒伏后很容易诱发病虫害，要特别注意防治纹枯病、二化螟、三化螟、稻飞虱、纵卷叶螟等。

（四）拉网拦扶

对存在倒伏倾向的田块，及时采取拉网拦扶等预防措施。

（五）适时抢收

已成熟的水稻，待天晴后要适时抢收，以防止谷粒霉烂、发芽。不提倡扎把，水稻倒伏时有的农户习惯将其扶起，一把把扎起来，这种做法有害无益。刚齐穗就倒伏的晚稻，上部节间靠地面一侧的居间分生组织还能进行细胞分裂和伸长，使茎秆上弯生长，穗和上部 1~2 片功能叶能直立生长，进行正常的光合作用，为籽粒灌浆提供养分。如果在这时实行扎把，人为地破坏了稻穗、穗颈、叶片的自然分布秩序，加重了人为践踏，使倒伏后的损失更大。但已经灌浆较多，倒伏后穗不能抬起的晚稻，扎把有利于防止稻粒发芽和霉烂，有一定的保产作用。

第三节 玉米强风灾害的应对

一、玉米强风灾害的预防

强风灾害是指强风对农业生产造成的直接和间接危害。直接危害主要指造成土壤风蚀沙化、对农作物的机械损伤和生理危害，同时也影响农事活动或破坏农业生产设施。间接危害指传播疾病和扩散污染物质等。

（一）选用抗倒伏良种

玉米品种间遇风抗倒伏能力差异显著。生产中应选用株型紧凑、穗位或植株重心较低、茎秆组织较致密、韧性强、根系发达、抗风能力强的品种，特别是在风灾发生严重的地区。此外，抗倒伏品种与易倒伏品种间作也是有效的措施。

（二）促健栽培，培育壮苗

促健栽培是提高玉米抵御风灾能力的重要措施。一是适当深耕，打破犁底层，促进根系下扎。二是增施有机肥和磷、钾肥，切忌偏施肥，尤其是偏施速效氮肥，避免拔节期追施氮肥。三是合理密植、大小行种植。四是适时早播，注意早管，特别是高肥水地块苗期应注意蹲苗，结合中耕促进根系发育，培育壮苗。五是中后期结合追肥进行中耕培土，可在玉米拔节期，结合中耕、施肥，进行培土。六是做好玉米螟等病虫的防治工作。茎秆、穗轴受玉米螟蛀食，养分、水分的运输受破坏，也会出现红叶和茎折。七是人工去雄。

（三）适当调整玉米种植行向

在风灾较为严重的地区应注意调整行向。玉米的株距一般约为行距的 1/2 或 1/3，行间的气流疏导能力远大于株间，当平行于行间的气流来临时，由于株距较小，可以从后面植株获取一定的支撑力，抗风力就有所加强；反之，当气流与行向垂直时就会使风灾的危害更大。在对抗风灾时，还可以将迎风面 2~3 株玉米在穗位部捆扎在一起，使其形成一个三角形，从而增强其抗风能力。

（四）化学调控栽培

在玉米抽雄期以前，采取化学控制措施可增强玉米的抗倒伏能力。目前生产上利用的调节剂主要有羟烯·乙烯利、芸苔·乙烯利、胺鲜·乙烯利、矮壮素·乙烯利和矮壮素等，可以抑制玉米顶端优势，延缓或抑制植株节间伸长，促进根系发育，降低植株高度，提高抗倒伏能力。化学调控药剂的使用时期、浓度及喷施方式等一定要严格按照产品说明书要求进行，否则很容易出现药害。

（五）植树造林，构建防风林带

在风灾严重地区，应将植树造林、构建防风林带与玉米抗风栽培技术有机结合起来。据测定，防风带的保护范围是其株高的 20 倍左右，如果在风灾严重地区适当规划种植防风林带，不仅可以美化环境，而且可以大幅减轻风灾的影响。

二、玉米强风灾害后的应对措施

风灾发生后，及时采取补救措施，恢复生长，减少损失。特别是 8 月发生的台风，北方的玉米多处于授粉灌浆期，台风易造成受淹、倒伏或茎折断等，影响灌浆，使茎基腐病、叶斑病等病害加速侵染，增加了防控难度。

（一）加强分类管理

1. 及时培土扶正

在玉米拔节至成熟期，强风暴雨的侵袭致使玉米倒伏、茎折，若不及时采取措施，因植株互相倒压，严重影响光合作用，使产量损失很大。一般在苗期和拔节期遇风倒伏，植株能够正常恢复直立与生长；在小喇叭口期遭遇强风暴雨危害，只要倒伏程度不超过45°，经过5~7天，也可自然恢复生长。

在大喇叭口期后遇风灾发生倒伏，植株已失去恢复直立生长的能力，应当人工扶起并培土固牢。若未及时采取措施，地上节根侧向下扎，植株将不能直立起来；必须及时采取措施，对根倒伏、茎倒伏的玉米应抓紧时间进行扶苗；对茎折的玉米要及时拔除，为其他玉米创造好的空间条件。

2. 严重倒伏，可多株捆扎

在花粒期，培土扶正难度大，效果也不明显。因此，需采取多株捆扎的方法。具体做法：将邻近3~4株玉米，顺势扶起，用植株相互支撑，免受倒压、堆沤，以减轻危害，有利于灌浆成熟，减少产量损失。

3. 茎折玉米处理

乳熟中期以前茎折严重的地块，可将玉米植株割除作青贮饲料；乳熟后期倒伏，可将果穗作为鲜食玉米销售，秸秆作为青贮饲料销售，最大限度减少损失。蜡熟期倒伏，可加强田间管理，防治病虫害，待成熟收获。尽快将折断的植株从田间清除，以免腐烂后影响正常植株生长，同时因地制宜地补种生育期较短的其他农作物。

（二）加强田间管理，促进生长

玉米遭受风灾同时，常遭受涝害，受灾后务必加强田间管理，尽快恢复生长是提高光合效能的重要措施之一。因此，灾害后有积水的玉米田块应尽快排水，在晴天墒情合适后，加大后期管理措施，如及时扶直植株、培土、中耕、破除板结，改善土壤通透性，使植株根系尽早恢复正常的生理活动。

根据受灾程度，还可增施速效氮肥，加速植株生长。如处于生育前期的玉米，强降水和洪涝过后，土壤肥力易被雨水带走，可趁雨后放晴及时追施尿素和磷酸二氢钾，连续喷洒 2 次，每次间隔 7 天，促进植株恢复生长。

进入成熟期的倒伏玉米应及时收获，减少穗粒霉烂，避免玉米品质受到影响。

（三）加强病虫防治，防止玉米果穗霉烂

玉米倒伏后会造成机械损伤，易受茎基腐病、纹枯病、大斑病等病害侵染，应及时用药防治。

（四）掌握气温变化，监测霜冻情况

霜冻害地区如东北玉米产区，还应加强与气象部门联系，及时掌握气温变化和霜冻实时监测情况，关注早霜预警信息。有条件的玉米田块可在霜冻出现前 2 天进行灌溉，增加土壤水分，提高地温，减轻低温霜冻危害。一旦发生早霜，迅速开展人工熏烟防霜，降低早霜不利影响，同时适当延长生长时间，提高玉米产量和品质。

第四节　小麦风灾倒伏的应对

一、小麦春季倒伏的具体表现

（一）从形式上可分为根倒伏和茎倒伏

1. 根倒伏

根在疏松的土层中扎得不牢，一经风吹雨打，就会土沉根歪或平铺于地。

2. 茎倒伏

主要是茎基部节间（多数是基部 3 节）承受不住上部重量，弯曲倾斜或折断后平铺于地。小麦倒伏不仅加快后期功能叶的死亡，造成用于灌浆充实的干物质生产量减少，而且由于根系与基部茎秆受伤，吸收能力和输导组织均受影响，光合产物向穗部运输受阻，因而导致小麦粒重降低，对产量影响很大。倒伏表现在后期，潜伏在前期，具有不可挽回性。

（二）从时间上可分早期倒伏和晚期倒伏

在小麦灌浆期前发生的倒伏，称为早期倒伏，由于"头轻"一般都能不同程度地恢复直立。灌浆后期发生的倒伏称为晚期倒伏，由于"头重"不易完全恢复直立，往往只有穗和穗下茎可以抬起头来，要及时采取补救措施减轻倒伏损失。

二、小麦倒伏的预防措施

（一）选用抗倒伏品种

选用抗倒伏品种是防止小麦倒伏的基础，在管理水平跟不上的区域宜选择高产、耐肥、抗倒伏的品种进行推广，各高产品种搭配比例应协调，做到布局合理，达到灾害年份不减产、风调雨顺年份更高产的目的。不宜选择高秆和茎秆细弱的品种。大力提倡小麦精量和半精量播种，以降低倒伏的风险。

（二）提高整地质量

整地质量不好是造成根倒伏的原因之一。因此，要大力推广深耕，加深耕层，高产麦田耕层应达到 25 厘米以上。特别是近年来秸秆还田成为种麦整地的常规措施后，深耕显得更为重要。秸秆还田必须与深耕配套，深耕必须与细耙配套，真正达到秸秆切碎深埋、土壤上虚下实，有利于次生根早发、多发，根系向深层下扎。

(三) 采用合理的播种方式

高肥水条件下小麦种植行距应适当放宽，有利于改善田间株间通风透光条件，促其生长健壮，减少春季分蘖，增加次生根数量，提高小麦抗倒伏能力。高产麦田以 23~25 厘米等行距条播为宜，也可以采取宽窄行播种，宽行 26 厘米、窄行 13 厘米，或宽行 33 厘米、窄行 16.5 厘米等。

(四) 精量播种，确定适宜的基本苗数

为了创造各个时期的合理群体结构，确定合理的基本苗数是基础环节。基本苗过多或过少，都会给以后各个生育时期形成合理的群体结构带来困难。确定基本苗数的主要依据是地力水平、品种分蘖力、品种穗大小。一般原则是高产田、分蘖力强的品种及大穗型品种宜适当低一些，而中低产田、分蘖力弱的品种及多穗型品种则宜适当高一些。目前的高产田、大穗型、分蘖力强的品种，每亩成穗 45 万左右，单株成穗 3~3.5 个，每亩基本苗数应为 12 万~15 万株；中产田、多穗型品种，每亩成穗 50 万左右，单株成穗 2.5~3.5 个，每亩基本苗数应为 14 万~18 万株。随着肥水条件的改善和栽培技术的提高，亩产 500 千克左右的高产麦田，每亩基本苗数以 8 万~10 万株为宜。要保证适宜的基本苗数，除上述因素外，还要考虑种子发芽率、整地质量与田间出苗率、播种方式等因素。采取机械精量播种技术，不但要保证基本苗数适宜，同时还要求麦苗的田间、行间平面分布要合理。因为播量已定时，不同的行距配置导致每行的麦苗密度不同，而在每行麦苗密度已定时，不同的行距配置导致单位面积的麦苗密度不同。

(五) 科学施肥浇水

在施肥上重施有机肥，轻施化肥，有利于防止倒伏。高产冬麦田一定要及时浇好冻水、拔节水、灌浆水，一般不浇返青水和麦黄水。春季返青起身期以控为主，控制肥水，到小麦倒二叶露尖，拔节后再浇水，酌情追肥。千方百计缩短基部节间长度，第一节间长 4.5~5.7 厘米，第二节间长 7.6~8.5 厘米的较抗倒伏。后期如需浇水，一定要根据天气预报，掌握风雨前不浇、有风雨停浇的原则。

春麦田凡生长偏旺、群体较大、有倒伏趋势的要严格控制追施氮肥，增施钾肥，亩施氯化钾 3~5 千克。拔节至孕穗期，根据苗情长势，每亩追施尿素 4~5 千克，或含氮、磷、钾各 15% 的三元复合肥 10~15 千克，以增加穗粒数和粒重。

（六）深锄断根

深中耕是控制群体、预防倒伏的重要措施，对群体大、有旺长趋势的麦田，在起身前后深中耕 8~10 厘米，切断浮根，抑制小分蘖，促进主茎和大分蘖生长，加速两极分化，推迟封垄期，促进植株健壮生长。

（七）适当镇压

对群体较大、植株较高的麦田，除控制返青肥水和深中耕外，起身后拔节前还要进行镇压，以促进根系下扎，增粗茎基部节间和降低株高。镇压视旺长程度进行 1~3 次，每次间隔 5 天左右，镇压时还应掌握"地湿、早晨、阴天"三不压的原则。对密度大、长势旺、有倒伏危险的麦田，应及早疏苗，或把耱 1~2 次，疏掉部分麦苗，后浇 1 次稀粪水。

（八）加强中后期管理

小麦拔节后基部茎秆，特别是第一、第二节间较长，茎壁较薄，发育较差，将导致小麦植株重心上移，中后期发生倒伏的风险增大。农谚说："谷倒一把糠，麦倒一把草。"小麦如果发生倒伏，不仅减产，还会带来难以机械收获、贪青晚熟等一系列麻烦。因此，小麦中后期田间管理应针对性采取以下有效措施加以应对。

1. 慎重浇水防止倒伏

小麦拔节以后生长发育旺盛，需水需肥也旺盛。尤其是孕穗到抽穗期是小麦需水的临界期，受旱对产量影响最大。开花至成熟期的耗水量占整个生育期耗水总量的1/4。所以，要因地制宜适时浇好挑旗扬花水或灌浆水，以保证小麦生理用水，同时还可抵御干热风危害。但是浇水应特别注意天气，不要在风天、雨天浇水，还要依据土壤质地掌握好灌水量，以防发生倒伏。

2. 慎重施肥防止晚熟

拔节以后，一般可通过叶面喷肥来补充小麦对肥料的需求。选肥施肥原则是既要防早衰又要防贪青。特别是晚播小麦，只要不是叶片发黄缺氮或是强筋专用小麦品种，后期不要喷施含氮的氨基酸、尿素等叶面肥，应当喷施磷、钾肥和中微量元素肥料，目的是及早预防小麦贪青晚熟。一般可用磷酸二氢钾，并添加防病治虫的适宜药剂和芸苔素内酯等生长调节剂，兑水配制成复配溶液，"一喷三防" 2~3次。市场上常有仿磷酸二氢钾，实际上是三元复合肥，含有氮，选购使用时要注意。

3. 及早搞好"一喷三防"

做到应变适时、早防早控，防患于未然。暖冬病虫越冬基数较高，易造成小麦病虫害偏重、提早发生，预计麦穗蚜、螨类、吸浆虫、赤霉病、白粉病可能偏重流行。因此"一喷三防"应根据田间病虫害实际发生情况，可提早在扬花前开始。注意喷洒均匀防药害；严格遵守农药使用安全操作规程，做好人员防护，防止农药中毒；做好施药器械的清洁、农药瓶袋等包装废弃物品回收处理，注重农业生态安全。

（九）化学控制

1. 喷施多效唑

对群体大、长势旺的麦田或植株较高的品种，在小麦起身期，喷施多效唑可使植株矮化，缩短基部节间，降低植株高度，提高根系活力，抗倒伏能力增强，并能兼治小麦白粉病和提高植株对氮的吸收利用率。

2. 施用烯效唑

烯效唑是一种新型高效植物生长调节剂，其生物活性比多效唑高6~10倍。在小麦上施用，可以防止高密度、高肥水条件下的植株倒伏，并有减少不孕穗和提高千粒重的作用；据试验，在未遇风、不倒伏的情况下，施用烯效唑的小麦比对照平均增产15.4%。施用方法：在小麦拔节前一周内，亩喷30~40毫克/千克烯效唑溶液50千克。

3. 喷施矮壮素

对群体大、长势旺的麦田，在拔节初期亩喷0.15%~0.3%矮壮素溶液50~75千克，可有效地抑制节间伸长，使植株矮化，茎基部粗硬，从而防止倒伏。

4. 喷施多唑·甲哌鎓

在拔节期每亩用多唑·甲哌鎓15~25毫升，兑水50~60升叶面喷洒，可抑制节间伸长，防止后期倒伏，使产量增加10%~20%。

（十）防治病虫害

推广化学防控措施，对小麦病虫害采取"预防为主、综合防治"的措施。特别要及时防治小麦纹枯病，在播种时用药剂拌种，2月下旬至3月上旬是防治纹枯病的关键时期，一旦达到防治指标，及时喷药，增加小麦抗逆性和抗倒伏能力。

三、小麦倒伏发生后的补救措施

通常在小麦灌浆期前发生的早期倒伏，一般小麦都能不同程度地恢复直立，而灌浆后期发生的晚期倒伏，由于小麦"头重"不易恢复直立，往往只有穗和穗下茎可以抬起头来。及时采取措施加以补救。

（一）小麦倒伏后不要人工扶直倒伏小麦

当小麦倒伏后，其茎秆就由最旺盛的居间分生组织处向上生长，使倒伏的小麦抬起头来并转向直立，还能保持两片功能叶进行光合作用；人工扶直，则易损伤茎秆和根系，应让其自然恢复生长，这样可将减产损失降至最低。

（二）小麦倒伏后要及时进行叶面喷肥

倒伏后小麦植株抗逆性降低，应及时进行叶面喷肥补充营养，这样可以起到增强小麦植株抗逆性、延长灌浆时间、稳定小麦粒重的作用。一般每亩用磷酸二氢钾 150~200 克加水 50~60 千克进行叶面喷洒，或 16% 的草木灰浸出液 50~60 千克喷洒，以促进小麦生长和灌浆。

（三）加强病虫害防治

如果倒伏后没有病虫害发生，一般轻度倒伏对产量影响不大，重度倒伏也会有一定的收获，但如果病虫害流行蔓延，则会"雪上加霜"，导致严重减产。及时防治倒伏带来的各种病虫害，是减轻倒伏损失的一项关键性措施。

第七章　农作物冰雹灾害的应对

第一节　冰雹灾害概述

一、什么是冰雹

冰雹又叫"雹子""冰蛋""冷子"等，是从发展强烈的积雨云中降落到地面的坚硬的球状、锥状或不规则的固态降水物，由不透明的雹核和透明的冰层，或由透明的冰层与不透明冰层相间组成。

冰雹和雨、雪一样，都是从云里掉下来的，它是从积雨云中降落下来的一种固态降水。

冰雹的形成需要以下6个条件。①大气中必须有相当厚的不稳定层存在。②积雨云必须发展到能使个别大水滴冻结的高度（一般认为温度达$-16 \sim -12℃$）。③有强的风切变。④云的垂直厚度不小于6千米。⑤积雨云含水量丰富。一般为$3 \sim 8$克/米^3，在最大上升速度的上方有一个液态过冷却水的累积带。⑥云内应有倾斜的、强烈而不均匀的上升气流，速度一般在10米/秒以上。

二、冰雹灾害

冰雹灾害是由强对流天气系统引起的一种剧烈的气象灾害，

它出现的范围虽然较小，时间也比较短促，但来势猛、强度大，并常常伴随着狂风、强降水、急剧降温等阵发性灾害性天气过程。我国是冰雹灾害频繁发生的国家，冰雹每年都给农业、建筑、通信、电力、交通以及人民生命财产带来巨大损失。

冰雹对农业生产的危害，主要是对农作物枝叶、茎秆、果实产生机械损伤，从而引起各种生理障碍和诱发病虫害，降雹造成土壤板结，导致农作物受冻害，使农作物减产或绝收。冰雹对农业生产危害的程度，取决于降雹强度、持续时间、雹粒大小，也取决于农作物种类、品种和受灾的生育时期。一般降雹强度大、持续时间长、雹粒大，对农业生产的危害重。高秆、大叶、地上结实的农作物受害重，处在生殖生长期，特别是抽穗开花至灌浆成熟的农作物，受冰雹砸损后，穗和花被毁或籽粒脱落不再恢复生长，因此受害较重，甚至全部被毁，造成颗粒无收。

（一）雹灾等级

一般把冰雹对农作物的危害分为轻雹灾、中雹灾和重雹灾3个等级。

轻雹灾区域的冰雹如豆粒、玉米粒大小，直径约5毫米。降雹时有的冰雹盖满地面，有的落地融化。农作物的叶片被打破，或部分被打落，少数茎秆折断。

中雹灾区域的冰雹如杏、栗子大小，直径20~30毫米。降雹时冰雹覆盖地面，积雹厚度60~80毫米。农作物的茎叶被打断、打烂。

重雹灾区域的冰雹如核桃、鸡蛋大小，直径30~60毫米。积雹厚度可达100~150毫米。农作物地上部分被砸坏，地下部分也受到一定伤害。

（二）农作物雹灾损失等级

冰雹对农作物的危害程度因农作物而不同。一是玉米，与其他农作物相比受灾呈现上升趋势，这与我国玉米种植的广泛性以及地膜玉米种植发展有关。通过地膜来提早农作物的生长期，无疑加大了冰雹成灾的时间段。二是棉花，受灾次数显著增加，尤其在棉花的一些主要种植区。可见，农作物品种和农作物面积的变化直接影响灾情的程度。三是蔬菜、水果、花卉受灾增加。随着城市化平的提高，城市边缘带的蔬菜、瓜果、林果，尤其是花卉的发展，加上大棚技术的广泛使用，使其受雹灾发生的概率加大。

第二节　水稻冰雹灾害的应对

一、冰雹对水稻的影响

水稻是世界三大粮食作物之一，也是我国的主要粮食作物之一。冰雹对水稻的影响主要表现在以下 3 个方面。

（一）影响水稻的叶片和茎秆

冰雹打击水稻植株会造成叶片和茎秆的挫伤或破裂，导致植株生长受阻，进而影响水稻的产量和质量。

（二）影响水稻的开花和结实

冰雹打击水稻花粉和雌蕊会导致花粉失活或雌蕊受损，进而影响水稻的开花和结实。

（三）引发水稻的病虫害

冰雹打击水稻植株容易导致植株备受胁迫、抵抗力变弱，从而引发水稻的病虫害。

二、水稻冰雹灾害的补救措施

（1）遭受冰雹灾害程度严重、秧苗无法恢复的，可及时改种玉米（鲜食玉米、青贮玉米）、蔬菜等农作物。

（2）受灾程度较轻、秧苗成活倒伏的，及时扶正秧苗追施补伤肥，如喷施磷酸二氢钾等叶面肥或追施尿素等，并加强病虫害防治，积极促进秧苗恢复生长，减轻灾害损失。

（3）积水过多的秧田，及时开沟排水，适当晒田。

（4）要做好病害监测预报，及时喷药防治，预防病害的发生。

第三节　玉米冰雹灾害的应对

一、玉米雹灾危害的表现

（一）砸伤植株

由于冰雹的机械击打作用，玉米幼苗叶片呈斑点状或线状破损、撕裂，破损部位叶片组织坏死、干枯。

（二）冻伤植株

冰雹发生是近地层大气温度过低造成的，低温容易使植株冻伤。

（三）心叶展开受阻

玉米幼苗顶尖部位未展开幼叶受损后，由于受损组织死亡，叶片不能正常展开，致使新生叶展开受阻、叶片卷曲皱缩。

（四）倒伏淹水窒息

冰雹发生时常常伴随大风和暴雨，部分幼苗被冰雹和暴雨击倒后，因水淹而窒息死亡。这种情况在有地表径流的地块比较严重，倒伏的幼苗多被泥水淹没。

（五）生长点腐烂

冰雹造成幼苗大部分叶片破损，地上部仅剩部分叶鞘存活，但雹灾后土壤湿度过大，植株养分缺乏，导致根系长时间处在缺氧状态，进而导致根系衰亡、靠近根颈部位的生长点腐烂。这种情况在套种和有小麦秸秆覆盖的玉米地块比较严重，夏直播玉米相对较轻。

二、玉米防雹减灾的技术措施

（一）中耕松土
玉米苗期雹灾过后，容易造成地面板结、地温下降，使根部正常的生理活动受到抑制，应及时进行划锄、松土，以提高地温，促苗早缓。

（二）追肥促长
雹灾后及时追施速效肥料，对植株恢复生长具有一定促进作用。

（三）及时翻种
玉米苗期遭受雹灾，只要生长点未被砸坏，一般不要轻易翻种，但是若确无保留需要时，应及时采取补救措施，翻种早熟品种或改种其他农作物。

（四）人工消雹
防御雹灾除了上述灾后补救措施外，还应加强雹灾气象预防，采取人工消雹措施，减轻或消除雹灾破坏损失。

第四节　小麦冰雹灾害的应对

一、冰雹灾害对小麦的影响

（一）对小麦生长的影响
小麦在生长过程中，需要适宜的温度、光照和水分等条件，如果遭受冰雹的袭击，这些条件都会受到一定的影响。一般来说，冰雹对小麦的生长会造成一定的破坏，使得小麦的幼苗受损严重，导致其生长发育缓慢，影响后期的产量和品质。

（二）对小麦产量的影响

冰雹对小麦产量的影响较大，因为冰雹的袭击会让小麦受损。具体来说，冰雹打在小麦上会破坏小麦的叶片、茎秆和花穗等重要部位，导致小麦的减产，如果冰雹的面积范围很大，其对小麦的冲击就更加明显。

二、小麦遭遇雹灾后的补救措施

小麦是单子叶植物，也是一种抗灾能力较强的农作物。雹灾发生后，一定要及时调查摸清小麦受灾面积和受灾程度，及时采取有效的补救措施挽回或减轻雹灾损失。具体管理措施如下。

（一）追施肥料

冰雹过后，麦田气温高，地面覆盖度小，土壤蒸发量大，应结合浇水及时追施适量速效化肥，并注意进行叶面追肥；及时做好防病治虫工作，以促进植株尽快恢复生长。由于发生雹灾后复生的小麦成熟期较晚，在追施肥料时应注意适当增施磷肥，促进早熟。据调查，在小麦雹灾达93%的地块，结合浇水追施速效化肥，小麦产量比未追肥的地块增产29.5%。

（二）及时浇水

小麦是分蘖农作物，受雹灾危害的小麦从新生分蘖到拔节、抽穗直至成熟尚需60天左右的时间。在我国冬小麦主产区的5—6月，正值干旱高温季节，雹灾后及时浇水对小麦恢复生长、降低损失具有明显效果。据调查，雹灾后浇水比不浇水的小麦可增产21.7%。

（三）中耕松土

由于冰雹的重力作用和雹灾发生时往往伴有强降雨过程，灾后土壤湿度较大，容易造成地面板结，加之地温下降，使根部正常生理活动受到抑制。因此，对于雹灾发生较早的麦田，应及时浅中耕划锄，以疏松土壤、提高地温、改善土壤通透性、促进根系和麦苗早发快长，从而减轻灾害损失，提高产量。

（四）分期收获

受雹点密度的影响，即使是在同一块麦田，小麦植株受灾程度也有轻重之分。据观察，遭受雹灾后的小麦生长参差不齐，成熟期很不一致，群众将其形象地比喻为"老少三辈"，如果一次收获，同时脱粒，就会把青穗挤成白浆，这样，一般每公顷要减产 300 千克左右。因此，雹灾后麦田要注意按受灾和成熟情况进行分期收获，以提高产量。

第五节　其他农作物冰雹灾害的应对

一、马铃薯雹灾后的管理技术措施

（1）冰雹灾害过后不要人为地对植株进行绑扶，让植株自行恢复，人为绑扶容易对植株造成更大的伤害，可以及时清除完全损坏的植株和受损严重的烂叶，以促进新叶生长。

（2）冰雹灾害容易造成土壤板结，应及时进行中耕松土和晾墒，以利于增温通气及根系正常生理活动，促进早发，恢复植株正常生长；同时清沟排淤，保障排水通畅。

（3）灾后应及时追肥，每亩可追尿素 7~10 千克，可以改善植株营养状况，使其尽快恢复生长，并促进后期生长发育，以弥补灾害损失。对于叶片受损较轻的或者新叶片出现后要及时喷施叶面肥（如磷酸二氢钾），对植株恢复生长具有明显的促进作用，也可提高其抗病虫害能力。

（4）灾后及时开展病虫害防治，因雹灾造成的植株伤口容易感染病菌，要及时喷施叶面肥，并配合喷施阿维菌素等农药，做好病虫害防治。

（5）对雹灾过后出现缺苗断行的地块，可选择健壮大苗带土移栽补苗，移栽后及时浇水和叶面喷施磷酸二氢钾等叶面肥，以促进缓苗。

（6）对受灾严重，造成绝收的地块要及时改种适应季节的农作物。

二、蔬菜雹灾后的管理技术措施

（一）受灾较轻的补救措施

（1）及时清除田间枯叶、黄叶以及以枯死的植株，以降低田间湿度和减少病原，预防病害流行蔓延。

（2）对植株及时扶正，进行浅中耕培土，增强土壤通透性，促进根系的生长和发育，同时及时清沟排水以防止积水造成二次伤害。

（3）加强肥水管理，追施 1~2 次提苗肥。可用腐熟的清粪水或沼液每 50 千克加入 100~200 克尿素施用，沼液取正常产气 1 个月以上的沼气池，澄清、纱布过滤，浓度总原则：嫩叶期（遇高温天气）1 份沼液加 1~2 份清水，气温较低，可以不加水。追肥以速效氮肥为主，注意整个生长期施用纯氮不超过 18 千克（折尿素 39 千克），补施钾肥，增强抵抗力。剪除被打烂、下垂的受损叶片；还可以进行根外追肥，用 0.2%~0.3% 的磷酸二氢钾的溶液进行喷施。

（4）注意预防病害。严格按照蔬菜生产操作规程的要求选用农药，注意农药安全间隔期。

（5）对尚存可以上市的蔬菜，抓紧采收，减少损失。

（二）受灾较重的补救措施

（1）对造成绝收的，及时清理田园，根据重灾区域蔬菜种植农户的生产习惯以及市场需求，翻耕改种。

（2）应用良种良法相配套措施，根据群众意愿，自行选择蔬菜品种及育苗方式，建议采用集约化育苗方式育苗。

三、果树雹灾后的管理技术措施

（一）喷药保护

1. 猕猴桃

（1）树体、叶面喷施 50% 氯溴异氰尿酸可溶粉剂 1 000 倍液加有机硅 5 毫升 1~2 次，每次相隔 10 天左右。

（2）裂皮涂药。雹灾严重的园区，枝皮裂口长度在 3 厘米以上的，应涂杀菌剂和愈合剂，如噻霉酮涂抹剂。

2. 其他果树

建议使用 75% 百菌清可湿性粉剂 1 000 倍液、70% 甲基硫菌灵可湿性粉剂 700~800 倍液或 65% 代森锌可湿性粉剂 500~700 倍液等药剂，添加磷酸二氢钾、芸苔素内酯等。每隔 10~15 天喷施 1 次，共喷施 2~3 次。注意交替使用药剂。

注意：6 小时内出现再次降雨时，需补喷药剂。

（二）整形修剪

对于受灾程度较轻、仅有叶片轻微受损的树体，及时喷施药剂即可。对于受灾程度严重，新梢、主枝（蔓）或主干折断的树体，在断口下方短截，促发新枝，猕猴桃短截时宜在伤流期过后进行。嫁接口以上无法萌发新芽时，培养嫁接口以下的实生苗，冬季再重新嫁接。

修剪时，剪刀用 75% 酒精消毒，每修剪 1 棵树消毒 1 次。修剪后，剪口用 500 克凡士林拌 50 克氢氧化铜处理。

（三）果园清理

及时清理果园中的残枝落叶及剪掉的枝条，集中销毁，以防病害传播。

（四）花果管理

若枝条叶片受损较轻时，要注意疏花疏果，合理负载，保持叶果比平衡。若枝条叶片受损严重，应将果实全部摘除。

（五）培土固根

若果树根系裸露，及时培土固根，保护树体。

（六）中耕松土

雹灾过后，土壤易板结，须及时对树盘进行中耕松土，促使根系恢复正常生理活动。中耕深度 5~10 厘米，不宜伤根。

（七）土壤追肥

受灾果园，春季未追施萌芽肥的，结合中耕松土及时追施 1 次复合肥，同时添加生物菌肥，其中：1~3 年生幼树，每株施复合肥料 0.1 ~ 0.25 千克；4 年生以上大树，每株施复合肥料 0.25~0.5 千克。春季已施肥的果园暂时不追肥。

第八章 农作物重大病虫害防控

第一节 粮食作物重大病虫害防控

一、小麦春季重大病虫害防控①

（一）重点防控对象

重点防控小麦赤霉病、条锈病、蚜虫等一类病虫害，以及茎基腐病、纹枯病等茎基部病害，兼顾白粉病、叶锈病、吸浆虫等常发病虫。

1. 华北麦区

以纹枯病、茎基腐病、白粉病和蚜虫为主，兼顾锈病、赤霉病、叶螨和吸浆虫等。

2. 黄淮麦区

以条锈病、茎基腐病、赤霉病、纹枯病、蚜虫等病虫为重点，兼顾白粉病、叶锈病、根腐病、叶螨防控；黄淮南部应加强赤霉病预防。

3. 长江中下游麦区

以赤霉病、纹枯病、蚜虫为主，兼顾白粉病、条锈病等病虫。

---

① 主要摘编自《2024 年小麦春季重大病虫害防控技术方案》。

4. 西北麦区

以条锈病、茎基腐病、蚜虫为主，兼顾赤霉病、白粉病、叶螨、吸浆虫等病虫；新疆麦区需关注雪霉叶枯病。

5. 西南麦区

以条锈病、赤霉病、叶螨为主，兼顾白粉病、蚜虫等。

（二）防控措施

1. 返青拔节期

以防治条锈病、纹枯病、茎基腐病为重点，挑治蚜虫和叶螨。对条锈病，要加强病情监测，实施分区防控。西南、汉江流域和陕西关中、河南南部、甘肃陇南等主要冬繁区，要全面落实"带药侦查、打点保面"防治策略，及时封锁发病田块，减少菌源外传，降低和延缓其向黄淮、长江中下游和华北麦区扩散蔓延。在越夏区，春季要加强转主寄主小檗周边自生麦苗及麦秸管理，控制条锈菌有性生殖，降低病菌毒性变异速率。黄淮春季流行区，坚持"发现一点，防治一片"，及时控制发病中心；当田间平均病叶率达到 0.5%~1% 时，组织开展大面积应急防控，做到同类区域防治全覆盖。防治药剂可选用戊唑醇、氟环唑、丙环唑、嘧啶核苷类抗菌素、丙硫菌唑·戊唑醇等。对纹枯病，于小麦拔节初期田间病株率达 10% 时主动施药防治，防治药剂可选用井冈·蜡芽菌、噻呋酰胺、戊唑醇、丙环唑、烯唑醇、井冈霉素、多抗霉素等。对茎基腐病，于小麦返青拔节期，选用丙硫菌唑、丙硫唑、叶菌唑、氰烯菌酯、戊唑醇、苯醚甲环唑、氯氟醚菌唑等药剂防治。对纹枯病、茎基腐病等茎基部病害的防治，要注意加大水量，将药液喷淋在麦株茎基部，以确保防治效果。

对叶螨，当平均 33 厘米行长螨量达 200 头时，选用阿维菌素、联苯菊酯、联苯·三唑磷等药剂喷雾防治，同时可通过中耕除草、合理肥水等农业措施，降低田间虫量。对蚜虫，当蚜量达

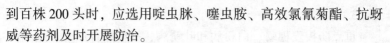

到百株 200 头时，应选用啶虫脒、噻虫胺、高效氯氰菊酯、抗蚜威等药剂及时开展防治。

如果多种病虫害同时发生，可分别选择对路农药混配防治，提高防治效率；在病虫害防控的同时，可结合当地苗情，添加生长调节剂或免疫诱抗剂如芸苔素内酯、赤·吲乙·芸苔、氨基寡糖素、二氢卟吩铁、噻苯隆、免疫激活蛋白等，提高抗病虫和抵御倒春寒等能力，提高病虫防控效果。

2. 抽穗扬花期

以预防赤霉病为主，兼顾锈病、白粉病、吸浆虫等。对赤霉病，长江中下游和黄淮南部等常年病害流行区，应抓住齐穗至扬花初期关键时期，主动预防，遏制病害流行，药剂品种可选用氰烯菌酯、丙硫菌唑、氟唑菌酰羟胺、戊唑醇、丙唑·戊唑醇、叶菌唑、氰烯·戊唑醇、枯草芽孢杆菌、井冈·蜡芽菌等，要用足药液量，施药后遇雨，应及时补治；如抽穗扬花期遇连续阴雨天气，需隔 5~7 天再轮换用药防治 1~2 次，确保防治效果。苯丙咪唑类药剂抗性水平高的地区，应停止使用多菌灵、甲基硫菌灵等药剂，提倡轮换用药和组合用药。对华北、西北赤霉病偶发区，应关注抽穗扬花期天气预报，因地制宜实施主动预防。

对小麦吸浆虫，应重点做好抽穗期的成虫防治。在抽穗初期 10 复网 20 头以上成虫时，及时选用阿维·吡虫啉、高效氯氟氰菊酯、氯氟·吡虫啉等农药进行防治，重发区间隔 3 天轮换用药，再防治 1 次。

对小麦白粉病、叶锈病，可以结合防治条锈病、赤霉病进行兼治；当田间病叶率达 10% 时，选用环丙唑醇、腈菌唑、丙环唑、氟环唑等杀菌剂进行防治，严重发生田块，应间隔 7~10 天再轮换用药防治 1 次。

3. 灌浆期

重点防控麦穗蚜、白粉病和叶锈病，提倡综合用药，达到一喷多效。当田间百穗蚜量达 800 头以上，益害比（天敌：蚜虫）低于 1：150 时，可选用啶虫脒、吡蚜酮、抗蚜威、高效氯氟氰菊酯、苦参碱、耳霉菌等药剂喷雾防治。有条件的地区，提倡释放蚜茧蜂等天敌昆虫进行生物防治。对小麦白粉病、叶锈病，当田间病叶率达 10% 时，选用环丙唑醇、腈菌唑、丙环唑、氟环唑等杀菌剂进行防治，严重发生田，应隔 7～10 天再喷 1 次。可结合小麦"一喷三防"，实施杀虫剂、杀菌剂、植物生长调节剂科学混用，综合控制病虫，助力单产提升行动。

（三）主推技术

1. 绿色防控技术

重点推广生态调控、保护及利用天敌、免疫诱抗、生物农药等技术。对于条锈病、赤霉病、蚜虫等重大病虫，要加强监测预警，及早发现、及时处置；对重点区域，应加强病情普查，必要时组织开展专业化应急防控，防止病虫大面积暴发危害。

2. 穗期"一喷三防"技术

小麦抽穗至灌浆期是赤霉病、条锈病、白粉病、叶锈病、蚜虫、吸浆虫等多种病虫同时发生危害的关键期，可选用高效适宜的杀菌剂、杀虫剂、叶面肥、免疫激活蛋白、调节剂和农药助剂等科学混用，综合施药，提高农作物的免疫力，防病虫防早衰防干热风，达到一喷多效、农药减量和单产提升的效果。

3. 科学用药技术

在病虫发生关键时期，选用适宜药剂、用足药量水量、科学混配、交替用药，注意保护蜜蜂等非靶标生物；推广自走式喷杆喷雾机、植保无人机等高效施药机械，使用植保无人机施药时，应添加相应的沉降、抗蒸发等功能的助剂，每亩用水量不低于

1.5 升，确保防治效果。

二、玉米重大病虫害防控①

（一）防控对象

1. 北方春玉米区

重点防控黏虫、玉米螟、棉铃虫、双斑长跗萤叶甲、蚜虫、地下害虫、大斑病、茎腐病、灰斑病、北方炭疽病、根腐病。

2. 黄淮海夏玉米区

重点防控玉米螟、棉铃虫、黏虫、桃蛀螟、甜菜夜蛾、草地贪夜蛾、二点委夜蛾、蚜虫、蓟马、南方锈病、小斑病、褐斑病、弯孢叶斑病、茎腐病、穗腐病。

3. 西南及南方丘陵玉米区

重点防控草地贪夜蛾、玉米螟、桃蛀螟、黏虫、蚜虫、纹枯病、大斑病、灰斑病、南方锈病、白斑病、穗腐病。

4. 西北玉米区

重点防控地下害虫、蚜虫、叶螨、棉铃虫、玉米螟、双斑长跗萤叶甲、茎腐病、大斑病和锈病。

（二）防控措施

1. 根腐病、丝黑穗病、纹枯病和茎腐病等种传土传病害

选用抗（耐）病品种，利用含有精甲·咯菌腈、苯醚甲环唑、吡唑醚菌酯、氟唑菌苯胺、噻呋酰胺或戊唑醇等成分的种子处理剂。暴雨后及时排除田间积水以减轻纹枯病和茎腐病的发生程度。纹枯病在发病初期（玉米拔节时）喷施井冈霉素 A 等杀菌剂，视发病情况隔 7~10 天再喷 1 次。

---

① 主要摘编自《2024 年玉米重大病虫害防控技术方案》。

2. 蛴螬、地老虎、金针虫等地下害虫及蓟马、二点委夜蛾、甜菜夜蛾等害虫

播前灭茬或清茬，清除玉米播种沟上的覆盖物防治二点委夜蛾；选用含有噻虫胺、噻虫嗪等新烟碱类杀虫剂与氯虫苯甲酰胺、溴氰虫酰胺或丁硫克百威复配的种子处理剂防治地下害虫，兼治甜菜夜蛾、叶甲、蚜虫、蓟马等。生物防治可用金龟子绿僵菌、球孢白僵菌随种肥沟施。

3. 玉米南方锈病、大斑病、小斑病、褐斑病、弯孢叶斑病、白斑病、北方炭疽病等病害

选用抗（耐）病品种，合理密植、科学施肥、健康栽培。在发病初期，选用枯草芽孢杆菌、井冈霉素 A、苯醚甲环唑、氟环唑、吡唑醚菌酯、丙环·嘧菌酯、肟菌·戊唑醇、唑醚·氟环唑等杀菌剂喷施，视发病情况隔 7~10 天再喷 1 次。

4. 草地贪夜蛾、玉米螟、黏虫、棉铃虫、桃蛀螟等害虫

秸秆粉碎还田，减少虫源基数；成虫发生期使用灯诱、食诱、性诱剂诱杀；产卵初期释放赤眼蜂或夜蛾黑卵蜂等天敌灭卵；幼虫低龄阶段优先选用苏云金杆菌、球孢白僵菌、金龟子绿僵菌、印楝素、短稳杆菌等生物农药；化学防治可选用四氯虫酰胺、氯虫苯甲酰胺、甲氨基阿维菌素苯甲酸盐、乙基多杀菌素、四唑虫酰胺等杀虫剂，抓住低龄幼虫窗口期实施统防统治和联防联控。在生物育种品种批准种植区域，选用农业农村部审定的转基因玉米抗虫品种控制草地贪夜蛾、玉米螟、黏虫等鳞翅目害虫。

（三）综合防控技术

1. 秸秆处理、深耕灭茬技术

采取秸秆综合利用、粉碎还田、深耕土壤、播前灭茬等措施，病虫害严重发生地块秸秆离田处理，压低病虫源基数。

2. 选用抗性品种

根据当地玉米病虫害发生种类，优先选用抗（耐）病品种

控制茎腐病和后期叶斑病；在生物育种品种批准种植区域，优先选种农业农村部审定的转基因抗虫品种。

3. 种子处理技术

根据不同区域地下害虫、种传土传病害和苗期病虫害种类和发生规律，选择适宜的种子处理剂。

4. 中后期"一喷多促"技术

心叶末期至灌浆初期，根据叶斑病、穗腐病、玉米螟、桃蛀螟、黏虫、棉铃虫、蚜虫和双斑长跗萤叶甲等病虫发生情况，合理混用杀虫剂、杀菌剂、叶面肥和植物生长调节剂。宜使用高秆农作物喷杆喷雾机或航化作业提升防控效率和效果。

5. 成虫诱杀技术

在鳞翅目和鞘翅目等趋光性强的害虫羽化期，使用杀虫灯诱杀；草地贪夜蛾、玉米螟、棉铃虫、黏虫等害虫可结合性诱剂诱杀；黏虫、棉铃虫等夜蛾科害虫可结合食诱剂诱杀。

6. 卵寄生蜂防虫技术

在玉米螟、棉铃虫、桃蛀螟和草地贪夜蛾等成虫始盛期，选用当地优势蜂种，每亩放蜂 1.5 万~2 万头，每亩设置 2~5 个释放点，间隔 7 天分 2 次统一释放。

三、水稻重大病虫害防控①

（一）防控重点

1. 华南稻区

包括广东、广西、福建、海南等省（自治区）的传统双季稻种植区，重点防治稻飞虱、稻纵卷叶螟、二化螟、三化螟、稻瘟病、纹枯病、稻曲病、南方水稻黑条矮缩病、白叶枯病，密切

---

　　①　主要摘编自《2024 年水稻重大病虫害防控技术方案》。

关注台湾稻螟、锯齿叶矮缩病、橙叶病、稻秆潜蝇、稻瘿蚊、跗线螨、稻粉虱、水稻线虫病。

2. 长江中下游单双季混栽稻区

包括湖南、江西、湖北、浙江、福建等省的单双季稻混合种植区，重点防治二化螟、稻飞虱、稻纵卷叶螟、纹枯病、稻瘟病、稻曲病、穗腐病、恶苗病、南方水稻黑条矮缩病、白叶枯病、细菌性基腐病，密切关注水稻线虫病、大螟、稻蓟马、稻秆潜蝇、稻瘿蚊、稻叶蝉、三化螟、跗线螨。

3. 长江中下游单季稻区

包括湖北、江苏、上海、浙江、安徽等省（直辖市）的单季稻种植区，重点防治稻飞虱、二化螟、稻纵卷叶螟、大螟、稻瘟病、纹枯病、稻曲病、白叶枯病、黑条矮缩病，密切关注细菌性基腐病、水稻线虫病、条纹叶枯病、穗腐病。

4. 西南稻区

包括云南、贵州、四川、重庆、陕西等省（直辖市）的单季稻种植区，重点防治稻飞虱、稻纵卷叶螟、二化螟、稻瘟病、纹枯病、稻曲病、恶苗病、白叶枯病、南方水稻黑条矮缩病，密切关注三化螟、黏虫、稻秆潜蝇、细菌性基腐病、水稻线虫病、穗腐病。

5. 黄淮稻区

包括河南、山东等省以及安徽和江苏北部的单季稻种植区，重点防治二化螟、稻飞虱、稻瘟病、纹枯病、黑条矮缩病、稻曲病，密切关注水稻线虫病、稻纵卷叶螟、条纹叶枯病、鳃蚯蚓。

6. 北方稻区

包括黑龙江、吉林、辽宁、河北、天津、内蒙古、宁夏、新疆等省（自治区、直辖市）单季粳稻种植区，重点防治稻瘟病、恶苗病、纹枯病、二化螟，密切关注水稻线虫病、稻曲病、立枯病、穗腐病、稻潜叶蝇、黏虫、负泥虫、稻飞虱、稻螟蛉、赤枯病、鳃蚯蚓。

(二) 防控措施

1. 预防技术

(1) 选用抗 (耐) 性品种。因地制宜选用抗 (耐) 稻瘟病、白叶枯病、条纹叶枯病、稻曲病、黑条矮缩病、南方水稻黑条矮缩病、褐飞虱、白背飞虱等水稻品种，避免种植高 (易) 感品种。注意根据当地稻瘟病、白叶枯病病原菌的优势小种，合理布局种植不同遗传背景的水稻品种。

(2) 播种期和秧苗期预防。一是播种前药剂浸种或拌种，预防恶苗病、细菌性病害、稻瘟病、线虫病、稻飞虱及其传播的病毒病、稻蓟马、立枯病等种传或苗期病虫。二是秧苗移栽前 3 天内施用内吸性药剂，带药移栽，预防螟虫、稻叶瘟、稻蓟马、稻飞虱及其传播的病毒病。三是水稻线虫病发生区，苗床土壤处理和移栽前使用药剂浸根处理。四是在南方水稻黑条矮缩病、黑条矮缩病等病毒病流行区以及二化螟重发区，采用 20～40 目 (0.425～0.85 毫米) 防虫网或 15～20 克/米^2 无纺布全程覆盖秧田育秧，或采用工厂化集中育秧。五是秧苗期施用赤·吲乙·芸苔等植物生长调节剂或氨基寡糖素等植物诱抗剂，提高水稻抗逆性，培育壮秧。

(3) 孕穗末期至抽穗期重点预防。水稻孕穗末期，施药预防稻曲病、穗腐病、叶鞘腐败病等病害；破口期至齐穗期，重点防控稻瘟病、螟虫、稻飞虱、纹枯病等。

(4) 生物多样性控害。采用生态工程技术，在田埂、路边沟边、机耕道旁种植芝麻、大豆、秋英 (波斯菊)、黄秋英 (硫华菊)、紫花苜蓿等显花植物，保留秕谷草等功能性禾本科植物，

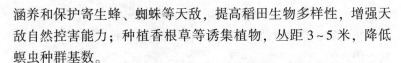

涵养和保护寄生蜂、蜘蛛等天敌，提高稻田生物多样性，增强天敌自然控害能力；种植香根草等诱集植物，丛距 3~5 米，降低螟虫种群基数。

（5）农艺措施。①翻耕灌水灭蛹。越冬代螟虫蛹期连片统一翻耕冬闲田、绿肥田，灌深水翻耕整田，浸没稻桩 7~10 天，配合放鸭灭虫，降低虫源基数。②健身栽培。适时晒田，避免重施、偏施氮肥，适当增施磷、钾肥和硅肥。③低茬收割。秸秆粉碎后还田，降低螟虫残虫量。④清洁田园。螟虫、稻瘟病、纹枯病、细菌性病害重发田的稻草避免直接还田，应离田后综合利用。

2. 非化学绿色防控技术

（1）昆虫性信息素诱控。越冬代二化螟、大螟和主害代稻纵卷叶螟始蛾期，集中连片设置性信息素，交配干扰或群集诱杀。一是交配干扰，采用高剂量性信息素智能喷施装置，每 3 亩设置 1 套，傍晚至日出每隔 10 分钟喷施 1 次。二是群集诱杀，采用持效期 3 个月以上的挥散芯（诱芯）和干式飞蛾诱捕器，平均每亩放置 1 套，田间均匀放置，高度以诱捕器底端距地面 50~80 厘米为宜，并随植株生长调整高度。

（2）人工释放赤眼蜂。在二化螟、稻纵卷叶螟主害代蛾始盛期释放稻螟赤眼蜂，每代放蜂 2~3 次，间隔 3~5 天，每亩每次放蜂量 8 000~10 000 头，均匀放置 5~8 个点。蜂卡放置高度以分蘖期高于植株顶端 5~20 厘米、穗期低于植株顶端 5~10 厘米为宜。可降解释放球直接抛入田中。高温季节宜在傍晚放蜂。

（3）稻鸭共育。有条件的稻田，水稻分蘖初期每亩放入 15~20 日龄的雏鸭 10 只左右，水稻齐穗时收鸭。通过鸭子的取食和活动，减轻纹枯病、稻飞虱和杂草等的发生危害。

3. 药剂控害技术

（1）二化螟。药剂防治指标为分蘖期枯鞘丛率达到8%~10%或枯鞘株率为3%；穗期重点防治上代残虫量大的稻田，于卵孵化高峰期施药。优先选用苏云金杆菌、金龟子绿僵菌CQMa421、印楝素等生物农药或低风险化学农药。

（2）稻飞虱。华南、西南、长江中下游稻区重点防治褐飞虱和白背飞虱，黄淮稻区重点防治白背飞虱和灰飞虱。防治指标为分蘖至孕穗期百丛虫量1 000头、穗期百丛虫量1 500头。西南和华南稻区还需注意分蘖期迁入代的防治。优先选用金龟子绿僵菌CQMa421、球孢白僵菌、苦参碱等生物农药和三氟苯嘧啶、烯啶虫胺、氟啶虫胺腈、呋虫胺、醚菊酯等高效、低生态风险的化学药剂。

（3）稻纵卷叶螟。水稻分蘖期发挥植株补偿功能，减少用药。药剂防治指标为分蘖期百丛水稻束叶尖150个、孕穗后百丛水稻束叶尖60个。在卵孵化始盛期至低龄幼虫高峰期施药，优先选用苏云金杆菌、金龟子绿僵菌CQMa421、短稳杆菌、甘蓝夜蛾核型多角体病毒、球孢白僵菌等微生物农药，或茚虫威、乙基多杀菌素、多杀霉素、四氯虫酰胺等高效、低生态风险的化学药剂。

（4）稻瘟病。防治叶瘟在田间初见病斑时施药，叶瘟发病严重田块，可7天后施用第二次药；预防穗瘟在破口期施药，若气候适温高湿，在齐穗期第二次施药。选用枯草芽孢杆菌、春雷霉素、多抗霉素、申嗪霉素、井冈·蜡芽菌、三环唑、丙硫唑、吡唑醚菌酯、嘧菌酯、咪铜·氟环唑等药剂。

（5）南方水稻黑条矮缩病。华南、西南南部常发区采用内吸性杀虫剂拌种和带药移栽。春季（4—5月）迁入白背飞虱带毒率大于1%或早稻中后期南方水稻黑条矮缩病的病株率大于3%

的稻区，中稻和晚稻秧田期和分蘖初期需防治。选用内吸性长持效期的三氟苯嘧啶、噻虫嗪、呋虫胺、吡蚜酮等药剂防治白背飞虱，联合使用毒氟磷、宁南霉素等防病毒药剂。

（6）纹枯病。分蘖末期至孕穗期病丛率达到20%时和破口抽穗初期结合保穗，选用井冈霉素A、井冈·蜡芽菌、枯草芽孢杆菌、多抗霉素、氟环唑、咪铜·氟环唑、噻呋酰胺等药剂防治。

（7）稻曲病、穗腐病和叶鞘腐败病。水稻破口前7~10天（10%水稻剑叶叶枕与倒二叶叶枕齐平时）施药预防，如遇多雨天气，间隔7天第二次施药。药剂选用井冈·蜡芽菌、氟环唑、咪铜·氟环唑、申嗪霉素、苯甲·丙环唑、肟菌·戊唑醇等。

（8）细菌性病害。针对细菌性基腐病、细菌性条斑病、白叶枯病等病害，在种子处理和带药移栽的基础上，当田间出现发病中心时立即施药防治。重发区在台风、暴雨前后施药预防。药剂选用噻唑锌、噻霉酮等。

（9）其他病虫害。一是三化螟。水稻破口抽穗初期施药，重点防治每亩卵块数达到40块的稻田，方法同二化螟。二是条纹叶枯病和黑条矮缩病。在种子处理和带药移栽的基础上，对秧田期至分蘖前期施药防治灰飞虱。防治指标：条纹叶枯病为杂交稻秧田每亩灰飞虱带毒虫量1 000头，大田初期每亩灰飞虱带毒虫量3 000头，其他品种类型稻田可适当放宽指标；黑条矮缩病为一代灰飞虱成虫每亩带毒虫量6 700头，二代若虫每亩带毒虫量10 000头。药剂使用参照南方水稻黑条矮缩病。三是立枯病。秧田出现症状时，苗床叶面喷雾防治。药剂可选用蛇床子素、寡雄腐霉菌、噁霉灵。

四、马铃薯重大病虫害防控①

（一）防控重点

1. 西南及武陵山种植区

重点防控晚疫病、早疫病、黑痣病、青枯病、粉痂病、病毒病、地下害虫、马铃薯块茎蛾、蚜虫，兼顾黑胫病、疮痂病、蓟马等病虫。

2. 西北种植区

重点防控晚疫病、早疫病、黑痣病、枯萎病、黑胫病、病毒病、地下害虫、蚜虫，兼顾环腐病、疮痂病、粉痂病、二十八星瓢虫、双斑长蹠萤叶甲等病虫。

3. 华北种植区

重点防控晚疫病、早疫病、黑痣病、枯萎病、病毒病、疮痂病、粉痂病、黑胫病，地下害虫和二十八星瓢虫，兼顾环腐病、黄萎病、豆芫菁、蓟马和蚜虫等病虫。

4. 东北种植区

重点防控晚疫病、早疫病、黑痣病、枯萎病、疮痂病、病毒病、二十八星瓢虫、地下害虫，兼顾蚜虫、环腐病、黑胫病。

（二）主要技术措施

1. 播种期

（1）轮作栽培防病虫。实行轮作倒茬防治土传病害和地下害虫。与玉米、小麦、大豆、蚕豆等非茄科作物轮作；精细整地，当地温达到10℃以上开始播种，播种深度8~10厘米，避免因地温偏低和播种过深导致出苗缓慢加重黑痣病、枯萎病等土传病害的发生。

---

① 主要摘编自《2024年马铃薯重大病虫害防控技术方案》。

（2）选用抗病品种和脱毒种薯。根据不同生产区域特点选择适合的抗病品种。优先选择脱毒马铃薯原种或一级种薯。

（3）种薯切刀消毒。种薯切块过程中，用75%酒精蘸刀或3%来苏水、0.5%高锰酸钾溶液浸泡切刀5~10分钟进行消毒，多把切刀轮换使用。

（4）种薯处理。选用咯菌腈、氟环唑·咯菌腈或精甲·咯·嘧菌等化学农药拌种，也可选用春雷霉素、孢球白僵菌、苏云金杆菌、木霉菌等生物制剂与甲基硫菌灵混合拌种，晾干后播种，防治土传、种传病害和地下害虫。

（5）药剂沟施防病虫。对黑痣病、枯萎病、黄萎病等土传病害重发田，随播种沟施嘧菌酯或噻呋酰胺；对晚疫病、疮痂病等病害，沟施氟啶胺及枯草芽孢杆菌等微生物菌剂。地下害虫用辛硫磷沟施，或出土后用溴氰菊酯等药剂喷雾防治。

2. 苗期

苗期防治重点以晚疫病、地下害虫为主。根据晚疫病田间监测预警信息，及时喷施苦参碱、代森锰锌、氟啶胺或氰霜唑等保护性药剂进行预防。如出现中心病株，可喷施丁子香酚、烯酰吗啉或氟菌·霜霉威等内吸性治疗剂。对地下害虫，利用灯光诱杀，每20~30亩布设1台杀虫灯，夜间定时开灯诱杀，尽量避免误杀天敌；也可利用性信息素诱杀成虫，每亩设置2~3个性诱捕器，设置高度超过马铃薯植株顶端20厘米左右。

3. 块茎形成期

块茎形成期防治重点是晚疫病、疮痂病、蚜虫、二十八星瓢虫等。晚疫病根据田间监测情况，适时选用代森锰锌、氟啶胺、氰霜唑等保护性杀菌剂进行全田喷雾。施药间隔期根据天气情况和药剂持效期决定，一般间隔5~10天。喷药后遇雨应及时补喷。疮痂病严重的地块可用枯草芽孢杆菌等生物菌剂滴灌。如有黑胫病、青枯病等病害发生，可选用噻唑锌或噻霉酮等药剂滴灌或灌根。二十八星瓢虫防治应在卵孵化盛期至三龄幼虫分散前，选用高效氯氟氰菊酯等进行叶面喷雾，施药间隔期 7~10 天。蚜虫防治，优先选用苦参碱、除虫菊素等生物药剂，也可采用吡虫啉、噻虫嗪等化学药剂喷雾防治。

4. 块茎膨大期

块茎膨大期防治重点是晚疫病、早疫病、二十八星瓢虫、马铃薯块茎蛾、豆芫菁等病虫。晚疫病防治依据田间监测预警系统或田间病圃监测结果确定最佳喷施时间，选择内吸治疗剂和保护剂同时使用，防治药剂可选用烯酰吗啉、氟噻唑吡乙酮、丁子香酚、噁酮·霜脲氰、氟菌·霜霉威、霜脲·嘧菌酯、嘧菌酯、氟菌·霜霉威、唑醚·氰霜唑、烯酰·锰锌等药剂。早疫病防治可选用苯甲·丙环唑、嘧菌酯、啶酰菌胺、烯酰·吡唑酯、苯甲·嘧菌酯、噁酮·氟噻唑等药剂防治。疮痂病严重的地块，可滴灌枯草芽孢杆菌等生物菌剂。黑胫病、环腐病和青枯病严重的地块，可选用噻唑锌或噻霉酮等药剂滴灌或喷淋。马铃薯块茎蛾防治前期选用食诱、性诱、灯光诱杀，卵孵化盛期至二龄幼虫分散前选用高效氯氟氰菊酯或与其他生物农药混合使用，进行叶面喷雾。

5. 收获至贮藏期

收获前 7 天左右杀秧。杀秧后至收获前喷施 1 次杀菌剂，如烯酰吗啉、氢氧化铜或噁酮·霜脲氰等，杀死土壤表面及残秧上的病菌以防止其侵染受伤薯块。杀秧后如不能及时收获，种薯田还应加喷 1 次吡虫啉防治蚜虫，避免种薯感染病毒。马铃薯块茎蛾重发区，薯块用高效氯氟氰菊酯等喷雾，晾干后入库贮藏。

第二节　油料作物重大病虫害防控

一、大豆重大病虫害防控[①]

（一）防控对象

1. 北方春大豆区

包括根腐病、孢囊线虫病、菌核病、霜霉病、灰斑病、细菌性斑点病、大豆食心虫、豆荚螟、大豆蚜、红蜘蛛、棉铃虫、苜蓿夜蛾、地下害虫、叶甲等。

2. 黄淮夏大豆区

包括根腐病、病毒病、茎枯病、炭疽病、地下害虫、烟粉虱、点蜂缘蝽、甜菜夜蛾、棉铃虫、大豆食心虫、豆荚螟、大豆蚜等。

3. 南方多作大豆区

包括根腐病、锈病、病毒病、炭疽病、斜纹夜蛾、甜菜夜蛾、豆卷叶螟、豆秆黑潜蝇、高隆象、点蜂缘蝽、稻绿蝽、豆荚螟、地下害虫等。

（二）防控措施

1. 播种期

合理轮作，减少重迎茬；选用耐（抗）病虫品种，做好种子包衣。防治大豆根腐病、孢囊线虫病等根部病害可选用含有精甲·咯菌腈、吡唑醚菌酯、甲氨基阿维菌素苯甲酸盐等成分的种子处理剂。防治地下害虫、大豆蚜等苗期害虫可选用含有噻虫嗪、吡虫啉等成分的种子处理剂，蛴螬等地下害虫重发区可选用吡虫啉或金龟子绿僵菌等进行撒施或种肥同播。

[①]　主要摘编自《2024 年大豆病虫害防控技术方案》。

2. 苗期至分枝期

根腐病重发区可选用氟环唑、嘧菌酯、精甲霜灵等药剂喷施茎基部。食叶类害虫可选用氯虫苯甲酰胺等药剂喷雾防治；刺吸类害虫可选用吡虫啉、高氯·吡虫啉、噻虫·高氯氟等化学药剂或苦参碱、阿维菌素等生物农药喷雾。防治病毒病需及时防治刺吸类害虫，阻断其传播病毒，可结合喷施氨基寡糖素等植物诱抗剂进行预防。大面积连片田块可结合使用黄板、灯诱等物理防控技术，监测并诱杀烟粉虱、金龟子等害虫成虫。

3. 开花至鼓粒期

发病初期喷施唑醚·氟环唑、丙环·嘧菌酯等防治锈病、茎枯病和炭疽病，兼治霜霉病和细菌性斑点病，同时喷施叶面肥、生长调节剂、诱抗剂等，强健植株，预防早衰。防控点蜂缘蝽选用聚集性信息素诱捕，并喷施噻虫嗪等药剂，同时兼治其他刺吸式害虫。大豆食心虫、豆荚螟成虫盛发期选用食诱剂、性诱剂诱杀，产卵初期释放赤眼蜂灭卵；初孵幼虫选用苏云金杆菌、氯虫苯甲酰胺、高效氯氟氰菊酯等杀虫剂防治；老熟幼虫开始脱荚入土前，选用球孢白僵菌均匀撒施于地表防治越冬幼虫。红蜘蛛选用阿维菌素、乙螨唑、哒螨灵等杀螨剂喷雾防治。蜗牛等软体类害虫发生危害时，撒施或喷施四聚乙醛或四聚·杀螺胺等进行防治。

4. 收获期

收获时秸秆粉碎还田，深翻耕耙，降低病虫基数。

二、棉花重大病虫害防控[①]

（一）防控重点

1. 西北内陆棉区

包括新疆、甘肃棉区。重点防治棉蚜、棉叶螨、蓟马、棉盲

---

① 主要摘编自《2024 年棉花重大病虫害防控技术方案》。

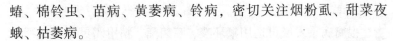

蜻、棉铃虫、苗病、黄萎病、铃病，密切关注烟粉虱、甜菜夜蛾、枯萎病。

2. 黄河流域棉区

包括河北、山东、河南、天津、山西和陕西棉区。重点防治棉蚜、棉盲蜻、棉铃虫、烟粉虱、棉叶螨、苗病、铃病，密切关注蓟马、甜菜夜蛾、黄萎病、枯萎病。

3. 长江流域棉区

包括江苏、安徽、湖北、江西和湖南棉区。重点防治棉盲蜻、棉叶螨、棉铃虫、棉蚜、斜纹夜蛾、苗病、铃病，密切关注黄萎病、枯萎病、红叶茎枯病、蓟马、烟粉虱、红铃虫、甜菜夜蛾。

(二) 防控措施

1. 预防控制技术

(1) 选用抗 (耐) 病虫品种。因地制宜选用抗枯萎病、耐黄萎病品种，优先选用抗虫棉兼抗 (耐) 病性较好的优质高产品种，并适时播种预防苗病。

(2) 种子处理。针对苗期主要病虫种类，选用适宜的杀虫剂、杀菌剂进行种子包衣。杀虫剂可选用吡虫啉或噻虫嗪种子处理剂，杀菌剂可选用枯草芽孢杆菌、苯醚甲环唑、咯菌腈、吡唑醚菌酯等，植物生长调节剂可选用芸苔素内酯、赤·吲乙·芸苔、氨基寡糖素等。

(3) 生态调控和生物多样性利用。西北内陆棉区在田边和林带下种植苜蓿等植物，保留田埂边碱蓬、窄叶野豌豆 (苦豆子)、甘草、骆驼刺、罗布麻、新疆大蒜芥、顶羽菊等植物带，其他棉区田边或条带种植蛇床、秋英 (波斯菊)、百日菊等显花植物，引诱、涵养天敌，增强天敌对棉蚜、棉铃虫、棉叶螨和棉盲蜻等害虫的控制能力。棉铃虫常发区棉花套种玉米、地边种植苘麻条带，诱集棉铃虫成虫产卵，集中杀灭。在棉田周边、田埂种植早熟芥菜型油菜、红花、向日葵诱集带可阻隔或集中诱集防治棉蚜、牧草盲蝽等害虫。

（4）天敌保护和利用。一是保护利用自然天敌。棉花生长前期注重保护利用棉田自然天敌，小麦、油菜收获后，秸秆在田间放置 2~3 天，促进瓢虫、草蛉等天敌向棉田转移。苗蚜发生期，当棉田天敌单位（以 1 头天敌瓢虫、2 头蚜狮、4 头食蚜蝇、6 头蜘蛛、120 头蚜茧蜂为 1 个天敌单位）与蚜虫种群数量比，西北内陆棉区高于 1∶360 时，不施药防治，充分发挥天敌控害作用。二是人工释放天敌。棉铃虫成虫始盛期人工释放卵寄生蜂螟黄赤眼蜂或松毛虫赤眼蜂，每代放蜂 2~3 次，间隔 3~5 天，每次放蜂 10 000 头/亩，降低棉铃虫幼虫量。在棉花叶螨点片发生期，每个中心株挂 1 袋胡瓜钝绥螨、巴氏新小绥螨等捕食螨，每次释放 100 000 头/亩，控制棉叶螨发生。

（5）理化诱控。棉铃虫越冬代成虫始见期至末代成虫末期，棉田和周边寄主作物田连片使用棉铃虫性诱剂。一是交配干扰，每 3 亩设置 1 套高剂量性信息素智能喷施装置，傍晚至日出定时喷施性信息素。二是群集诱杀，每亩设置 1 个挥散芯和干式飞蛾诱捕器，长江流域棉区斜纹夜蛾常发区，连片使用斜纹夜蛾性诱剂，每亩 1 个挥散芯和夜蛾型诱捕器，群集诱杀成虫，降低田间落卵量。三是连片施用生物食诱剂，于夜蛾科害虫（棉铃虫、地老虎、甜菜夜蛾等）主害代羽化前 1~2 天，以条带方式滴洒，每隔 50~80 米于 1 行棉株顶部叶面均匀施药，可诱杀成虫。

（6）农艺措施。清洁田园，棉花收获后及时清除棉秆和病虫残体。秋季深翻，有条件的棉区秋冬灌水保墒，压低病虫越冬基数。清除田边无保育天敌功能的杂草，中耕除草，减少害虫的转移危害。西北内陆棉区合理布局棉田，提倡棉花与冬小麦间

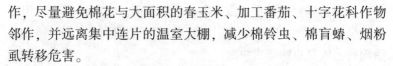

作，尽量避免棉花与大面积的春玉米、加工番茄、十字花科作物邻作，并远离集中连片的温室大棚，减少棉铃虫、棉盲蝽、烟粉虱转移危害。

2. 合理用药技术

（1）棉蚜。当益害比低于防治指标时，黄河流域棉区和西北内陆棉区苗蚜 3 片真叶前卷叶株率达 5%~10% 时，或 4 片真叶后卷叶株率达 10%~20% 时，进行药剂点片挑治。伏蚜单株上、中、下 3 叶蚜量平均 200~300 头时，全田防治。合理选用氟啶虫胺腈、氟啶虫酰胺·烯啶虫胺、双丙环虫酯、吡蚜酮等药剂交替使用。

（2）棉叶螨。点片发生时或有螨株率低于 15% 时挑治中心株，有螨株率超过 15% 时全田防治。药剂选用乙螨唑、阿维菌素等杀螨剂。

（3）蓟马。苗期和蕾期以烟蓟马为主，主要通过噻虫嗪、吡虫啉等种子包衣防治。花铃期以花蓟马为主，可选用金龟子绿僵菌 CQMa421、噻虫嗪等喷雾防治。

（4）棉盲蝽。以保蕾保顶尖为重点，达标用药。防治指标：西北内陆棉区以牧草盲蝽为主，百株虫量蕾期 12 头、花期 20 头、铃期 40 头；黄河流域棉区以三点盲蝽、绿盲蝽为主，百株虫量蕾期 5 头、花铃期 10 头；长江流域棉区以绿盲蝽、中黑盲蝽为主，新被害率 3% 或百株虫量 5 头。由田边向内施药，药剂选用金龟子绿僵菌 CQMa421、啶虫脒、噻虫嗪、氟啶虫胺腈等。

（5）棉铃虫。优先选用棉铃虫核型多角体病毒、甘蓝夜蛾核型多角体病毒、短稳杆菌、苏云金杆菌、印楝素、多杀霉素等生物农药，化学农药选用氯虫苯甲酰胺、虱螨脲、茚虫威、氟铃脲等。

（6）苗病。以种子包衣预防为主，选用咯菌腈、精甲霜灵、嘧菌酯等拌种。发病初期尤其是遇低温阴雨天气时及时药剂防治，选用枯草芽孢杆菌、多抗霉素、噁霉灵等喷施。

（7）黄萎病和枯萎病。选用枯草芽孢杆菌种子包衣。苗期至蕾期发病前或发病初期，选用枯草芽孢杆菌、氨基寡糖素、乙蒜素等喷施或随水滴施。

（8）铃病。发病前或初见病时，以花蕾和幼铃为重点喷药预防，或花铃期雨前预防、雨后及时喷药控制，药剂可选用三乙膦酸铝、多抗霉素等。

三、花生重大病虫害防控①

（一）防控对象

1. 病害

包括根腐病、茎腐病、白绢病、冠腐病、果腐病、褐斑病、黑斑病、网斑病、锈病、青枯病、疮痂病、病毒病、根结线虫病等。

2. 虫害

包括地下害虫、棉铃虫、斜纹夜蛾、甜菜夜蛾、蚜虫、蓟马、叶螨等。

（二）防控措施

1. 播种期

因地制宜与玉米等禾本科作物轮作，适时深耕。选用抗（耐）病虫抗逆的优质高产品种，适时播种，合理密植。根据土传病害、地下害虫、刺吸性害虫的发生情况，选用咯菌腈、精甲·咯·嘧菌等杀菌剂和吡虫啉、噻虫嗪、噻虫胺等杀虫剂合理

---

① 主要摘编自《2024年花生病虫害防控技术方案》。

混配进行种子处理。拌种时可加入芸苔素内酯、吲哚丁酸或糠氨基嘌呤等植物生长调节剂或氨基寡糖素等免疫诱抗剂，促进植株生长发育，增强其抗逆抗病虫能力。播种时可沟施球孢白僵菌、金龟子绿僵菌防治地下害虫。

2. 苗期

在茎腐病、根腐病、冠腐病等发病初期选用四霉素、噻呋·戊唑醇、噻呋·吡唑酯等杀菌剂喷施植株茎基部；蚜虫、蓟马、叶螨等刺吸性害虫选用阿维菌素、溴氰菊酯等杀虫剂喷雾防治，同时预防虫传病毒病；蛴螬、金针虫、地老虎可选用高效氯氟氰菊酯、氟氯氰菊酯喷淋灌根，也可用毒死蜱颗粒剂拌沙土撒施。

3. 开花下针至饱果成熟期

在褐斑病、黑斑病、网斑病、锈病等叶部病害发生初期，选用枯草芽孢杆菌、多抗霉素等生物农药或选用唑醚·氟环唑、吡唑醚菌酯、苯甲·嘧菌酯等化学药剂喷雾防治；花生封垄前，选用枯草芽孢杆菌、噻呋酰胺、氟胺·嘧菌酯、噻呋·戊唑醇或氟酰胺等杀菌剂喷淋花生茎基部，防治白绢病、根腐病、茎腐病、果腐病。注意合理排灌，保持适宜田间湿度。

在棉铃虫、斜纹夜蛾、甜菜夜蛾、蛴螬、地老虎等成虫发生期，使用杀虫灯、性诱剂、食诱剂等诱杀成虫。食叶类害虫低龄幼虫期，选用苏云金杆菌、灭幼脲等生物制剂喷雾防治，化学防治选用溴氰菊酯等杀虫剂喷雾；花生荚果期选用辛硫磷或噻虫嗪防治蛴螬等地下害虫。

对植株密、长势旺的花生田，开花下针期合理使用烯效唑、调环酸钙或多唑·甲哌鎓等植物生长调节剂控旺。

第三节 园艺作物重大病虫害防控

一、豇豆重大病虫害防控①

豇豆主要害虫有蓟马、斑潜蝇、豇豆荚螟、烟粉虱、甜菜夜蛾、斜纹夜蛾、豆蚜、叶螨等；主要病害有枯萎病、根腐病、锈病、白粉病、炭疽病、灰霉病、煤霉病、疫病、轮纹病等。防控措施如下。

（一）加强监测

悬挂黄板监测斑潜蝇、粉虱、蚜虫等；悬挂蓝板或蓝板+蓟马信息素监测蓟马；使用性信息素监测斜纹夜蛾、甜菜夜蛾、豇豆荚螟；人工调查叶螨和病害发生情况。

（二）生态调控

定植或播种前，可在豇豆田边缘种植功能性植物，种植秋英（波斯菊）等蜜源植物诱集招引食蚜蝇、瓢虫、姬蜂等天敌，种植薄荷、牛至等植物驱避害虫。在田内每 10 米² 放置 1 盆金盏菊或小麦等储蓄植物，用于提供替代食物辅助小花蝽、瓢虫等天敌的定殖，维持田间天敌的种群密度，控制豇豆害虫种群数量。

（三）健康栽培

1. 选用抗（耐）性品种

宜选用商品性好、适合当地种植的抗（耐）性品种。

2. 轮作

宜与水稻、玉米等或非豆科蔬菜轮作倒茬。

3. 清洁田园

及时清理残株、败叶、杂草等，并进行堆沤等无害化处理。

---

① 主要摘编自《2024 年豇豆病虫害绿色防控技术方案》。

4. 翻耕晒垡

播种前，深翻土地 30 厘米以上，再晾晒 5~7 天。

5. 科学施肥

施足基肥育壮苗，多施有机肥和菌肥，结合水分管理合理追肥。

（四）高温闷棚消毒

针对设施棚室种植豇豆地块，利用夏季高温休闲时间，将粉碎的稻草或玉米秸秆 500 千克/亩，猪粪、牛粪等未腐熟的有机肥 4~5 米³/亩，氰氨化钙 70~80 千克/亩，均匀铺撒在棚室内的土壤表面，用旋耕机深翻地 25~40 厘米，起垄后覆膜浇水，同时封闭棚膜。保持高温闷棚 20~30 天，处理结束后揭膜，翻耕土壤晾晒 7~10 天，使用微生物菌剂处理后即可种植。

（五）生物防治

1. 施用生物制剂

防治蓟马等害虫。直播或定植前，每亩使用金龟子绿僵菌 CQMa421 兑细土均匀撒施后打湿垄面；苗期开始，根据虫情可喷施金龟子绿僵菌 CQMa421、球孢白僵菌、苦参碱、藜芦根茎提取物等，蓟马发生严重时，可以使用金龟子绿僵菌 CQMa421 与适宜的化学杀虫剂混配进行防治。

防治土传病害。播种或定植前，对土传病害较重的地块，选用木霉菌、枯草芽孢杆菌等微生物菌剂进行土壤处理，发病初期，选用枯草芽孢杆菌、多粘类芽孢杆菌、寡雄腐霉菌等微生物菌剂进行灌根。

2. 释放天敌

设施豇豆，在害虫发生初期，释放小花蝽、捕食螨等防治蓟马，释放丽蚜小蜂等防治粉虱，释放姬小蜂或潜蝇茧蜂等防治斑潜蝇，释放食蚜瘿蚊、食蚜蝇、瓢虫等防治蚜虫，释放捕食螨防治叶螨，释放草蛉、猎蝽、蠋蝽等防治甜菜夜蛾等鳞翅目害虫。

（六）免疫诱抗与生长调节

冬春季节，对豇豆叶部喷施氨基酸、腐植酸等有机叶面肥防止低温冻害；初花期、初果期，喷施氨基寡糖素等免疫诱抗剂及芸苔素内酯等植物生长调节剂，保花保果、提高豇豆抗病性。

（七）理化诱控

1. 防虫网阻隔

使用60~80目（0.178~0.25毫米）防虫网，阻隔蓟马、斑潜蝇、烟粉虱、鳞翅目害虫等。

2. 地膜覆盖

覆盖黑色或银黑双色地膜，银色朝上驱避蓟马、蚜虫等害虫，同时防止害虫入土化蛹、阻止土中害虫出来；黑色朝下防治杂草，四周用土封严盖实。

3. 昆虫性信息素诱杀

使用斜纹夜蛾、甜菜夜蛾、豇豆荚螟性诱剂诱杀成虫。

（八）科学用药

针对重要病虫害，选用不同作用方式和机制的药剂，通过药剂合理使用以及开展统一防治，提高防治效果。

1. 害虫防治药剂

苗期至采收前：可选用金龟子绿僵菌CQMa421、甜菜夜蛾核型多角体病毒、苏云金杆菌、球孢白僵菌、阿维菌素、甲氨基阿维菌素苯甲酸盐、氯虫苯甲酰胺、虱螨脲、螺虫乙酯、虫螨腈·唑虫酰胺、吡虫啉·虫螨腈、虫螨·噻虫嗪、灭蝇胺、阿维·灭蝇胺、阿维·杀虫单、甲维·氟酰胺、灭胺·杀虫单等药剂。

开花结荚至采收期：可选用金龟子绿僵菌CQMa421、甜菜夜蛾核型多角体病毒、苏云金杆菌、球孢白僵菌、苦参碱、溴氰虫酰胺、乙基多杀菌素、多杀霉素、茚虫威、双丙环虫酯、高效氯氰菊酯等药剂。

2. 病害防治药剂

枯萎病、根腐病等病害：选用哈茨木霉菌、多粘类芽孢杆菌、寡雄腐霉菌等药剂灌根。

锈病、白粉病、炭疽病等病害：选用蛇床子素、硫磺·锰锌、苯甲·嘧菌酯、吡萘·嘧菌酯、氟菌·肟菌酯、腈菌唑等药剂进行防治。

3. 注意事项

（1）蓟马、豇豆荚螟是开花结荚期的重点防治对象，为提高蓟马防治效果，建议将杀卵作用药剂与杀（幼）成虫作用药剂进行混用、将金龟子绿僵菌与化学杀虫剂进行混用。

（2）施药的时间以花瓣张开且蓟马较为活跃的上午 10 时以前为宜，部分有避光、避高温要求的生物药剂宜在阴天或下午 4 时以后施药。

（3）施用药剂防治蓟马时，注意要将植株的上下部、叶片的正反面、周边杂草及地面都要喷到。

二、韭菜重大病虫害防控[①]

韭菜主要害虫有韭蛆（韭菜迟眼蕈蚊、异迟眼蕈蚊）、葱蓟马、葱须鳞蛾、蚜虫等；主要病害有灰霉病、疫病等。防控措施如下。

（一）加强监测

悬挂蓝板或蓝板+蓟马信息素监测葱蓟马；悬挂黑板监测韭蛆成虫；安装性信息素诱捕器监测葱须鳞蛾；人工调查病害发生

---

① 主要摘编自《2024 年韭菜主要病虫害绿色防控技术方案》。

情况。

（二）健康栽培

1. 选用抗（耐）性品种

宜选用商品性好、适合当地种植的抗（耐）性品种。

2. 轮作

每 3~5 年与非百合科植物轮作 1 次。

3. 科学施肥

结合深耕，施足基肥，合理追肥。宜施用饼肥或充分腐熟的农家肥。

4. 及时排涝，通风降湿

露地雨天应注意及时排涝。保护地应及时通风降湿。通风量应根据韭菜长势和棚外温度而定，韭菜刚收割或棚外温度较低时，减少放风量。

5. 清洁田园

及时清理田间残株、败叶，集中深埋或堆沤处理。

（三）"日晒高温覆膜法"防治

4 月底至 9 月中旬，选择太阳光线强烈的天气（光强度超过 55 000 勒克斯），上午 8 时左右用厚度 0.10~0.12 毫米的浅蓝色无滴膜覆盖（覆膜前 1~2 天割除韭菜），覆膜后四周用土壤压盖严实，膜四周尽量超出田块边缘 50 厘米左右。待膜内 5 厘米深处土壤温度达到 40℃，且持续超过 3 小时，立即揭开薄膜降温以避免对根伤害。揭膜后待土壤温度降低后及时灌溉，促进缓苗。

（四）生物防治

1. 施用微生物制剂

防治病害，扣棚前宜用木霉菌或枯草芽孢杆菌等制剂随水冲施，扣棚后待韭菜长到 5 厘米左右时，喷施枯草芽孢杆菌或木霉菌防治灰霉病、疫病；防治虫害，在韭蛆低龄幼虫期，选择阴雨

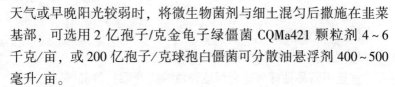

天气或早晚阳光较弱时，将微生物菌剂与细土混匀后撒施在韭菜基部，可选用 2 亿孢子/克金龟子绿僵菌 CQMa421 颗粒剂 4～6 千克/亩，或 200 亿孢子/克球孢白僵菌可分散油悬浮剂 400～500 毫升/亩。

2. 施用昆虫病原线虫制剂

在春秋季节，当地温 15～25℃时，选择阴雨天气或早晚阳光较弱时施用昆虫病原线虫制剂，随水冲施，每亩使用量 10 亿条左右。

（五）科学用药

1. 病害防治

发病初期及时熏烟或喷雾防治。防治灰霉病，选用腐霉利、嘧霉胺、咯菌腈等药剂；若需要防治疫病，可选用烯酰吗啉、氰霜唑、氟啶胺等药剂作为临时用药，并严格按照农业农村部《特色小宗作物农药残留风险控制技术指标》要求的用药剂量、用药次数和安全间隔期等进行使用。

2. 害虫防治

防治韭蛆，选用苦参碱、印楝素、灭蝇胺、噻虫胺、氟铃脲、噻虫嗪、氟啶脲、虱螨脲、吡虫啉等药剂，采取药剂喷淋，或"二次施药法"施药（先浇一遍水、再冲施药液）；防治蚜虫，选用苦参碱、高效氯氰菊酯、呋虫胺等药剂；防治蓟马，选用噻虫嗪等药剂；防治葱须鳞蛾，选用甲氨基阿维菌素苯甲酸盐、高效氯氰菊酯等药剂。

三、芹菜重大病虫害防控[①]

芹菜主要害虫有蚜虫、斑潜蝇、蓟马、甜菜夜蛾等；主要病

---

① 主要摘编自《2024 年芹菜病虫害绿色防控技术方案》。

害有斑枯病、叶斑病、菌核病、根结线虫病等。防控措施如下。

（一）加强监测

悬挂黄板监测蚜虫、斑潜蝇等；悬挂蓝板监测蓟马；安装性信息素诱捕器监测甜菜夜蛾；人工调查病害发生情况。

（二）健康栽培

1. 选用抗（耐）性品种

宜选用商品性好、适合当地种植的抗（耐）性品种。

2. 轮作

不应与香菜、胡萝卜等伞形科蔬菜重茬，可与水稻、玉米等农作物轮作。

3. 清洁田园

及时清理残株、败叶，集中深埋或堆沤处理。

4. 翻耕晒垡

播种前，深翻土壤30厘米，晒垡5~7天，在沟渠和保护地边缘撒生石灰。

5. 科学施肥

结合深耕，施足基肥，合理追肥。宜施用饼肥或充分腐熟的农家肥。

6. 控温控湿，通风透光

保护地芹菜，白天棚室温度宜控制在15~20℃，高于25℃应及时放风，降温降湿，相对湿度控制在50%~60%。夜间温度不低于10℃，相对湿度不高于80%。

（三）高温闷棚消毒

利用夏季高温休闲时间，将粉碎的稻草或玉米秸秆500千克/亩，猪粪、牛粪等未腐熟的有机肥4~5米^3/亩，氰氨化钙70~80千克/亩，均匀铺撒在棚室内的土壤表面。然后用旋耕机深翻地25~40厘米，起垄后覆膜浇水同时封闭棚膜。保持高温闷棚 20~30 天，处理结束后揭膜，旋耕土壤晾晒 7~10 天，使用微生物菌剂处理后即可种植。

（四）生物防治

1. 施用微生物制剂

预防土传病害，可在播种或定植前使用木霉菌、枯草芽孢杆菌等生物菌剂进行土壤处理；对于根结线虫病发生地块，选用厚孢轮枝菌、淡紫拟青霉进行土壤处理或者穴施，或用杀线虫芽孢杆菌 B16 进行穴施或者撒施，或用苏云金杆菌 HAN055 随水冲施或灌根，或用蜡质芽孢杆菌灌根；防治蓟马、蚜虫、甜菜夜蛾，应在害虫发生初期或低龄幼虫期，选用球孢白僵菌等微生物药剂；防治甜菜夜蛾，可选用甜菜夜蛾核型多角体病毒进行防治。

2. 利用天敌

初见害虫时释放天敌，利用食蚜瘿蚊、瓢虫、蚜茧蜂等防治蚜虫，利用小花蝽、捕食螨等防治蓟马，释放草蛉、蠋蝽等防治甜菜夜蛾等鳞翅目害虫。

（五）理化诱控

在棚室门口和通风口安装 40~60 目（0.25~0.425 毫米）防虫网；使用甜菜夜蛾性诱剂和诱捕器诱杀成虫。

（六）科学用药

防治蚜虫，选用苦参碱、吡虫啉、吡蚜酮、啶虫脒、噻虫嗪等药剂；防治甜菜夜蛾，选用苦皮藤素等药剂；防治斑枯病、叶斑病、菌核病等病害，选用咪鲜胺、苯醚甲环唑、吡唑醚菌酯、丙环唑、戊唑醇等药剂。种植前可采取种子和土壤处理、苗期和生长期灌根、喷施等方式进行施药。轮换使用不同作用机制农药，并严格遵守用药剂量、用药方法、用药次数和安全间隔期。

四、蔬菜土传病害防控①

随着栽培年限增加，蔬菜土传病害危害逐年加重，严重影响蔬菜产量和品质。蔬菜土传病害主要有立枯病、枯萎病、根腐病、茎基腐病、黄萎病、菌核病、疫病、根肿病、青枯病、细菌性软腐病、根结线虫病等。防控措施如下。

（一）健康栽培

1. 轮作

土传病害严重地块与禾本科作物轮作 3 年以上。

2. 抗病品种

根据病害种类和品种特性，因地制宜选用抗病品种。

3. 培育健康种苗

基质、苗盘、种子消毒后集中育苗，施用微生物菌剂防病促生。

4. 嫁接

瓜类蔬菜可选用葫芦、南瓜等专用砧木防治枯萎病；茄科蔬菜可选用抗病砧木防治黄萎病、青枯病。

5. 增施有机肥

每亩施优质有机肥 10 米³，逐步提高土壤有机质至 3% 以上。

（二）阻断传播途径

1. 清洁田园

及时清理田间病残体，集中堆沤处理。

2. 机械消毒

农机使用完毕后及时清理机身残留的土壤，对轮胎和农机关键组件进行消毒。

---

① 主要摘编自《2024 年蔬菜土传病害绿色防控技术方案》。

3. 人员消毒

在菜地入口设石灰池（40厘米×40厘米），内放干燥的熟石灰粉，人员下地前踩石灰粉消毒。

4. 阻断灌溉传病

菜地灌溉水提倡使用地下水，清除水渠内农作物病残体。宜采用滴灌、喷灌等措施，预防病原体随水传播。

（三）休茬期土壤消毒

1. 高温闷棚

利用夏季高温休闲时间，将粉碎的稻草或玉米秸秆500千克/亩，猪粪、牛粪等未腐熟的有机肥4~5米^3/亩，氰氨化钙70~80千克/亩，均匀铺撒在棚室内的土壤表面。然后用旋耕机深翻地25~40厘米，起垄后覆膜，膜下浇水同时封闭棚膜。保持高温闷棚20~30天，处理结束后揭膜，晾晒5~7天，使用微生物菌剂处理后即可种植。

2. 生物熏蒸

将20%异硫氰酸烯丙酯水乳剂5升/亩加入施肥罐，通过滴灌系统随水均匀滴于土壤表面。施药后密闭棚室3~5小时。揭膜放气1天即可定植。

（四）土壤微生态调控

应用木霉菌、枯草芽孢杆菌等微生物菌剂改善土壤微生态环境，预防土传病害。

（五）生物防治

1. 枯萎病、茎基腐病和根腐病等病害

选用木霉菌混合麦麸/稻壳，或选用枯草芽孢杆菌、多粘类芽孢杆菌、寡雄腐霉菌，撒施、穴施或滴灌。

2. 根肿病

选用枯草芽孢杆菌随定植水冲施或灌根。

3. 青枯病、细菌性软腐病等病害

选用多粘类芽孢杆菌、荧光假单胞杆菌、解淀粉芽孢杆菌等随定植水冲施或灌根。

4. 根结线虫病

移栽时，选用厚孢轮枝菌、淡紫拟青霉、杀线虫芽孢杆菌B16、苏云金杆菌HAN055、蜡质芽孢杆菌进行土壤处理、穴施或灌根。

（六）科学用药

1. 药剂拌种

对于直播蔬菜，选用针对靶标已登记的药剂进行拌种预防病害，可用枯草芽孢杆菌拌种预防根肿病。

2. 带药移栽

对于移栽蔬菜，定植时可选用针对靶标的药剂进行蘸根。可选用枯草芽孢杆菌防治根肿病；选用木霉菌、枯草芽孢杆菌防治枯萎病、根腐病和茎基腐病。

3. 土壤处理

对于根结线虫病发生地块，在定植前3~5天，用阿维·噻唑膦颗粒剂均匀撒施，或用氟吡菌酰胺喷施地面，然后再用旋耕机将15~20厘米土层充分混匀，做垄后定植。

4. 药剂灌根

在田间蔬菜植株出现土传病害零星症状时，及时采用相应农作物及靶标病害的登记药剂进行灌根。严格遵守用药剂量、用药方法、用药次数和安全间隔期。

五、保护地蔬菜重要害虫防控①

保护地蔬菜害虫种类多，常年发生的主要有蚜虫、粉虱、蓟

---

① 主要摘编自《2024年保护地蔬菜重要害虫生物防治技术方案》。

马和害螨等，虫量大、世代重叠、抗药性高、危害重；偶发的有潜叶蝇、棉铃虫、甜菜夜蛾等。防控措施如下。

（一）物理阻隔

蔬菜定植前安装防虫网。在棚室旁设置缓冲间，门口和入口及上、下通风口安装 60 目（0.25 毫米）防虫网，阻断害虫侵入。

（二）健康栽培

1. 环境控制

确保保护地温湿度、光照、通风和密闭性控制良好，适宜蔬菜生长。

2. 清洁棚室

前茬蔬菜采收后及时拉秧清棚，彻底清除残枝、落叶、落果、杂草、裸根等，于棚外集中无害化处理。密闭熏蒸或药剂均匀喷洒墙壁、棚膜、缓冲间 1~2 次。

3. 土壤消毒

定植前使用土壤消毒剂杀灭病虫源，处理后增施枯草芽孢杆菌、木霉菌等有益菌剂。

4. 健身栽培

洁净种苗，合理密植，施用氨基寡糖素、蛋白质免疫诱抗剂等，提升植株抗病虫能力。

（三）生态调控

1. 种植蜜源植物

棚间空地种植金盏菊、秋英（波斯菊）、苜蓿、芝麻和蛇床等植物。

2. 种植驱避植物

棚内在通风口区种植茴香、万寿菊、除虫菊等植物。

3. 种植诱集植物

茄果类蔬菜定植时，在其种植行的两端和中间位置各种 1 株甜瓜，每隔4行种植1组，或瓜类蔬菜温室用盆栽的苘麻置于行间，高效诱集粉虱类害虫。

（四）生物防治技术

1. 天敌应用技术

定植后，监测害虫种群发生情况，在害虫发生初期即采用相应防治措施。

（1）防治粉虱类害虫。天敌品种主要为丽蚜小蜂等。释放技术：定植后，监测发现害虫即可释放天敌，丽蚜小蜂按2 000头/亩，隔7~10天释放1次，连续释放3~5次。

（2）防治蓟马类害虫。天敌品种主要为小花蝽类、胡瓜新小绥螨、巴氏新小绥螨和剑毛帕厉螨。释放技术：定植后，监测发现害虫即可释放天敌。小花蝽类天敌按500头/亩，隔7~10天释放1次，连续释放2~4次；根部撒施剑毛帕厉螨100~200头/米^2，同时叶部撒施巴氏新小绥螨或胡瓜新小绥螨100~200头/米^2，每2周释放1次，连续释放2~3次。

（3）防治害螨。天敌品种主要为智利小植绥螨、加州新小绥螨、巴氏新小绥螨。释放技术：定植后，监测发现害螨即可释放捕食螨。叶部撒施智利小植绥螨5~10头/米^2，点片发生时中心株释放30头/米^2，每2周释放1次，释放3次。叶部撒施加州新小绥螨300~500头/米^2，每周释放1次，连续释放3~5次；或释放巴氏新小绥螨，方法同加州新小绥螨。

（4）防治蚜虫类害虫。天敌品种主要为蚜茧蜂、草蛉、食蚜瘿蚊、瓢虫。释放技术：定植后，监测发现害虫即可释放天敌。蚜茧蜂按2 000~4 000头/亩，或草蛉（茧）按300~500头/亩，或食蚜瘿蚊按300~500头/亩，每周释放1次，连续释放2~3次。瓢虫（成虫）按1∶60益害比，或瓢虫（卵）按2 000头/亩释放，释放2~3次。

（5）防治鳞翅目害虫。天敌品种主要为赤眼蜂类、蠋蝽等。释放技术：定植后，监测发现害虫即可释放天敌。赤眼蜂类按10 000头/亩或蠋蝽按20~30头/亩释放，隔5~7天释放1次，连续释放3次。

2. 生物农药防治技术

当释放天敌不能够有效控制保护地害虫时，可使用生物农药进行防治，使用前需确定生物农药与天敌的兼容性，降低其对天敌的影响。粉虱类、蚜虫类和蓟马类可选用除虫菊素、苦参碱、鱼藤酮、藜芦根茎提取物、金龟子绿僵菌CQMa421、球孢白僵菌、多杀霉素等药剂；鳞翅目害虫可选用短稳杆菌、苏云金杆菌、印楝素等药剂。

六、苹果重大病虫害防控[①]

苹果主要病虫害发生较重的有苹果树腐烂病、白粉病、褐斑病、轮纹病、锈病，蚜虫、叶螨、金纹细蛾、卷叶蛾等。防控措施如下。

（一）健康栽培

落实科学肥水管理、合理负载、规范树形等措施，培养健壮树势，抑制病虫害发生。根据果树生育期分阶段均衡施肥，总的原则是增施有机肥和生物菌肥、减氮稳磷补钾、适量补充中微量元素。秋季全园施足基肥，以有机肥为主，适当配比生物菌肥或土壤改良剂+中微量元素+部分速效化肥，施肥量占全年的60%~70%。疏花疏果，合理负载。规范整理树形，及时保护剪锯口。苹果采收后，及时落实"剪、刮、涂、清、翻"技术。修剪的枝残体、病残体应及时清运远离果园，集中堆放并覆盖，压低病

---

① 主要摘编自《2024年苹果病虫害绿色防控技术方案》。

虫源基数。

（二）生态调控

果树行间种植白车轴草（三叶草）、毛叶苕子、紫花苜蓿等豆科或鼠茅、早熟禾等禾本科草本植物；或行间蓄留狗尾草、牛筋草、蒲公英等浅根性自然杂草；果园四周种植油菜、黑豆等农作物，或金盏菊等其他显花蜜源植物。生（蓄）草高度超过30厘米应及时刈割，留茬5~10厘米，割下的草覆在树盘下，随秋施基肥深埋入地下。

（三）蜜蜂授粉

集中连片种植区域，可采用蜜蜂授粉技术。选择适宜授粉的中华蜜蜂、意大利蜜蜂或熊蜂。苹果开花5%~10%时蜜蜂入场，按每2亩1箱，蜂箱巢门背风向阳，视果园地形和面积，均匀摆放。授粉期间，蜂场3千米范围内禁止施药。落花后蜂群离场。

（四）免疫诱抗

苹果树开花前、落花后、幼果期和果实膨大期，选用氨基寡糖素、寡糖·链蛋白等免疫诱抗剂，叶面喷施3~4次。

（五）理化诱控

1. **性信息素诱杀**

果树开花前后，悬挂相应性诱捕器诱杀金纹细蛾、苹小卷叶蛾、桃小食心虫等害虫。每亩5~8个，悬挂于树冠外中部，距地面高度约1.5米，相邻诱捕器间隔15~20米，连片使用时果园外围布置密度适当高于内圈和中心。及时更换诱芯和粘板。

2. **糖醋液诱杀**

果园周边均匀放置糖醋液诱杀盆（瓶），相邻诱杀盆（瓶）间隔10~15米，诱杀金龟甲等害虫。

3. **捆绑诱虫带**

害虫下树越冬前，在果树第一分枝下10~20厘米树干处绑扎诱虫带，或固定在其他大枝基部 5~10 厘米处，诱集害虫在其中越冬。翌年早春害虫出蛰前解除诱虫带集中处理。

4. 灯光诱杀

金龟甲发生重的果园，果树开花前，按照 20~30 亩 1 台灯的间距安装杀虫灯，果园外围适当多些，杀虫灯接虫口距离树冠上部 50~60 厘米，于成虫发生期（一般是开花期和果实膨大初期），每天傍晚开灯诱杀。

（六）天敌防治

根据果品生产目标，有机果品生产果园可人工释放捕食螨或赤眼蜂等天敌产品控制害螨、卷叶蛾等害虫。

1. 释放捕食螨

释放前 2 周，采用阿维菌素、多抗霉素等选择性药剂，全园细致喷雾 1 次。果园生草或蓄草。一般于 6 月初越冬代叶螨雌成螨还处于内膛集中阶段时，平均单叶害螨（包括卵）量小于 2 只时释放。选择傍晚或阴天，将装有捕食螨的包装袋用图钉钉在每棵果树的第一枝干交叉处背阴面，每株 1 袋。挂螨后 1 个月内果园禁止使用杀螨剂，同时，选用对捕食螨影响最小的杀虫剂、杀菌剂防治其他病虫害。

2. 释放赤眼蜂

于卷叶蛾越冬代成虫产卵初期开始第一次放蜂。将蜂卡固定在果树树冠外围小枝上，避免阳光直接照射蜂卡。每亩均匀设置 8~12 个点。每代每亩释放总量 3 万~4 万头，分 2 次投放，间隔 3~5 天。清晨 5—7 时或下午 4—6 时释放最佳。

（七）科学用药

1. 萌芽前

全园喷施 1 次石硫合剂进行清园。

2. 开花前

开花前 10~15 天，优先选用生物药剂，对症选用对蜜蜂低

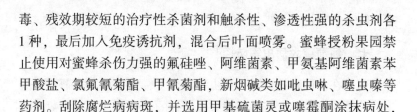

毒、残效期较短的治疗性杀菌剂和触杀性、渗透性强的杀虫剂各1种，最后加入免疫诱抗剂，混合后叶面喷雾。蜜蜂授粉果园禁止使用对蜜蜂杀伤力强的氟硅唑、阿维菌素、甲氨基阿维菌素苯甲酸盐、氯氟氰菊酯、甲氰菊酯，新烟碱类如吡虫啉、噻虫嗪等药剂。刮除腐烂病病斑，并选用甲基硫菌灵或噻霉酮涂抹病处，超过树干 1/4 的大病斑及时桥接复壮。

3. 落花后

落花后 7~10 天，采用代森锰锌+甲维盐+哒螨灵或吡唑醚菌酯+氟啶虫酰胺+噻螨酮药剂组合，白粉病发生重的果园加入四氟醚唑，按推荐用量叶面喷雾。如花期遇雨，时间提前至落花80%时施药，并加入多抗霉素，预防霉心病。

4. 套袋前

保护性和治疗性杀菌剂并用，确保无病虫入袋。可选代森锰锌+苯醚甲环唑+阿维菌素或氯氟·吡虫啉等叶面喷雾，尽量选用水分散粒剂、悬浮剂等水性化剂型。

5. 套袋后至果实膨大期

根据病虫害发生和降雨情况，对症选用丙森锌+戊唑醇+唑螨酯、代森锰锌+多抗霉素+高效氯氰菊酯+螺螨酯等组合，最后加入氨基寡糖素，混配后叶面喷雾 2~3 次。降雨多时单独喷施 1次倍量式或等量式波尔多液，防治早期落叶病。预防腐烂病、轮纹病等枝干病害，刮除主干和大枝粗老翘皮后，选用戊唑醇或苯醚甲环唑等药剂喷淋或涂刷主干大枝 2 次，间隔 10~15 天。

6. 果实采收后

选用长持效杀虫剂与广谱性杀菌剂组合全树喷雾，压低越冬病虫源基数。秋末冬初果树落叶后，对当年的新发小病斑刮除表面溃疡后，用 3%甲基硫菌灵糊剂 200~300 克/米^2 或 20%丁香菌酯悬浮剂 100~150 倍液涂抹病斑，并结合冬前药剂清园全树喷雾，防止病害进一步扩展。

七、葡萄重大病虫害防控①

葡萄在我国种植广泛，病虫害种类多、危害重，是葡萄安全生产的重大隐患。生产中需要重点防控的病虫害种类有葡萄霜霉病、白粉病、灰霉病、炭疽病、枝干病害，以及叶蝉、蓟马、绿盲蝽、介壳虫、葡萄短须螨、葡萄透翅蛾、斜纹夜蛾、金龟子、果蝇等。

（一）新建葡萄园的选址及土壤管理

新建的葡萄园要选择排水良好的地块，尽量避免连作地、低洼地建园，最好不在土壤黏重、通气性差的地块种植葡萄。遇到连续阴雨积水时应注意做好排水工作。建议起高垄种植葡萄，增加排水沟，避免土壤积水。平地定植葡萄时，每行葡萄树最好是南北走向，山坡地定植，每行葡萄树最好是高低走向，不仅有利于光合作用，也可以降低葡萄园湿度，减轻病害的发生。

（二）无病虫种苗的培育及种苗消毒

培育和栽植无病虫苗。种苗消毒可以采用热处理或药剂处理，热处理消毒通常热水的温度需要达到50℃，处理时长不小于30分钟；针对不同葡萄品种对热水耐受性的差异，通过处理树体剪枝来测试其对热水的耐受性可以避免因处理不当而损伤苗木。也可采用石硫合剂、苯醚甲环唑等药剂进行种苗消毒。

（三）控产及优良架式选择

合理水肥，适当控产。在北方埋土防寒区，可选用"厂"字形架式和"V"形叶幕，可以减少冻害及埋土扭伤主蔓，增强

---

① 主要摘编自《2024年葡萄病虫害防控技术方案》。

树势，提高树体的抗病能力。在非埋土区鲜食葡萄可选择光能利用率高的棚架型树形如"T"形、"H"形或"Y"形等树形，来简化修剪技术、改善叶幕光照状况，减少光能浪费，从而有效降低病虫害的发生。酿酒葡萄适当提高果穗离地面的高度，适当去除遮挡果穗的叶片，不但有助于果实着色，还可减轻病害发生。

（四）果园卫生清洁

休眠期剪除带病虫的枝梢及残存的病果，刮除病、老树皮，清除果园内的枯枝、落叶、烂果等，并集中销毁。生长季节及时摘除病虫果梢并集中处理或销毁，降低田间病虫基数，防止病虫害在田间滋生传播。收获期应彻底清除病果，避免贮运期病害扩展蔓延。

（五）共性病虫害的药剂清除

在葡萄萌芽初期和采收休眠期前各打1次石硫合剂，铲除病虫源。

第九章　畜牧业气象灾害的应对

第一节　畜牧业气象灾害概述

一、畜牧业气象灾害的概念

畜牧业气象灾害是对畜牧业生产造成危害的各类气象灾害的统称。这些气象灾害主要有高温、高湿、低温、大风、沙尘、暴风雪、雷电、冰雹、洪水、积雪、冷雨湿雪以及长期干旱等。这些气象灾害可能直接导致畜禽伤亡、养殖设施损毁，进而造成经济损失，也可能通过影响饲料作物生长、电力和交通设施等间接方式，对畜牧业生产造成不利影响。

二、畜牧业气象灾害的类型

（一）按照灾害对畜牧业产生影响的方式分类

按照灾害对畜牧业产生影响的方式来分，畜牧业气象灾害可分为直接灾害和间接灾害。

直接灾害指对养殖动物与畜牧设施直接造成的伤亡、损毁及生产能力下降造成的经济损失。

间接灾害指不利气象条件通过对饲料作物与饲草生长及对电力、交通设施的影响，导致饲草料供应数量与质量下降、饲养动物生存环境恶化、畜产品加工与流通障碍等间接造成的畜牧生产效益下降。

（二）按照致灾因子分类

按照致灾因子来分，畜牧业气象灾害可分成综合型、复合型和单一型。

综合型气象灾害指不同时段、不同气象因子所起作用的综合结果。

复合型气象灾害指在较短的时间内，2 种或以上气象致灾因子同时出现，如低温大风、暴风雪、雷雨大风等。

单一型气象灾害指受某单项气象要素影响而成灾，例如持续低温型、持续大雪型、特强大风型、暴雨、冰雹等，发生频率较高且剧烈，但通常持续时间较短。

三、畜牧业气象灾害的发生规律

不同饲养方式如集约化、半集约化饲养和自然放牧的畜牧业受气象灾害的影响方式与程度不同。农区集约化饲养的畜禽，如养鸡场、养猪场、各种珍稀禽兽类饲养场主要取决于养殖设施对畜舍小气候的调控能力。简易畜禽舍的环境调控能力较差，夏季易受高温影响，如通风不畅、湿度过大、遮阴不足，常引发畜禽热应激甚至中暑；冬季易受低温影响，如舍内漏风且湿度过大，常引发畜禽冷应激甚至伤病。热应激还使畜禽食欲下降，冷应激则使消化饲料产热用于御寒而不是生长，两者都能导致饲料转化率的显著下降。洪水、大风、冰雹等还可造成畜牧设施的损毁，南方耕牛在隆冬连续阴冷天气下易受冷害。工厂化大型畜禽场的环境调控能力较强，但在高温或低温天气下，畜禽舍温度调控的成本大幅上升，也会造成显著的经济损失。随着全球气候变暖，热应激的危害有上升的趋势。干旱、洪涝、冷害、霜冻、热浪、风雹、连阴雨等导致饲料作物减产或品质下降而间接危害畜牧业生产在农区也很常见。

草地畜牧业由于自然放牧的暴露度大，气象灾害对其的危害远大于农区，类型更多，危害机制也更复杂。牧区畜牧业气象灾害主要发生在中国五大牧区（内蒙古、新疆、青海、甘肃和西藏）。对草地畜牧业影响最大的是草原干旱，根据持续时间和发生时段分为春旱、夏旱、秋旱和冬旱（黑灾），有时是单时段出现，但大多是叠加出现，如春夏连旱或春夏秋连旱，连旱时间越长对草地植被及放牧牲畜的危害越大。牧草萌发时北方有"十年九春旱"之说。春旱不仅影响牧草返青，还影响其返青后的正常生长。此时过冬度春储备饲草料消耗殆尽且营养成分下降，牲畜经过冬春掉膘，体能也处于一年中的最低。若返青推迟或返青后牧草生长不好，影响牲畜饱青，牲畜为逐青草而"跑青"，体能消耗大于摄食获能，死亡率往往超过隆冬。晚春初夏北方冷暖多变，常出现低温伴随降水称为冷雨，有时还与湿雪相结合，使处于春乏期的老弱病畜、出生仔畜和抓绒剪毛后的牲畜倍感寒冷，易发生病冻及死亡。沙尘暴多出现在春天和初夏，危害程度除与天气系统强度有关外，与上年植被根系深度、地表覆盖度和春季干土层厚度有很大关系。为保护草场，春季多实行严格禁牧，但必须在冬季前储备充足的饲草料。

夏季强对流天气带来的雷电与强降水，使放牧牲畜受到雷击和洪水冲走的危害。大型舍饲、半舍饲和棚圈内牲畜在夏季高温天气下，如通风不畅、拥挤，又缺乏遮阴庇护时容易中暑。不清洁的棚圈在高温高湿下更容易滋生病菌，暴发瘟疫。秋季气象灾害相对最少。入冬降雪早晚、积雪时间长短、植被高度和积雪厚薄是发生雪灾（白灾）的关键。

第二节 畜牧业洪涝灾害的应对

一、预防洪涝的技术措施

（一）提前排查处置灾害隐患

全面检查养殖场内用水用电情况，更换漏水漏电管线，确保正常、安全运行；及早检修畜禽棚圈、设施设备，疏通排水管道、沟渠。将低位处的饲草料、生产设备、劳动工具等各类物资做好标识，转移到地势较高的安全位置；必要时提前将畜禽转移至其他安全处饲养。依山而建或地势较低的养殖场，要防范山体滑坡、雨水倒灌等造成损失。

（二）加强人员值守，贮备防洪物资

各养殖场（户）尤其要加强汛期人员值守，及时查看、了解天气预报，根据气象资料做好应急预案、落实应急措施；贮备足够的饲草饲料、药品用具、设施设备零配件以及拦沙阻水的防洪物资等。

二、洪灾过后恢复生产的技术措施

（一）尽快修复圈舍及设施设备

洪涝灾害后，迅速组织人员对遭受影响的畜禽圈舍、棚栏、围墙、粪污处理及水管电线等设施设备进行检修、维护、更新，保证不漏电、不漏雨、不积水，能够安全使用。粪污处理场所发生雨水流入的，要及时采取措施，防止污物随雨水流出或造成其他污染。

（二）及时清理消毒圈舍及周围环境

及时清除被洪水浸泡圈舍、棚栏及生产场地内遗留的淤泥、粪污和各类杂物，冲洗地面、墙壁，清理雨水、污水沟渠管道系统，保持排水畅通。补救因水毁损的绿化植物，及时进行畜禽、养殖场所、周围环境消毒灭源。根据不同消毒需要，选择采用不同的消毒药物、方式，重点做好圈舍、运动场和周边环境、运输车辆、用具、饮用水源等的消毒，不留死角。

（三）加强饲养管理

降低饲养密度，加强圈舍通风换气。被淹饲料要及时干燥、脱毒，严禁饲喂发霉变质饲料。可在饲粮中适当添加一些维生素、电解质及免疫增强剂等，以增强肌体的抗应激力和抵抗力。水淹畜禽要及时对症处理，散养鸡尤其要注意呼吸道疾病和球虫病等的预防。舍饲草食畜禽日粮组成尽量多样化，做到搭配合理、营养全面。

（四）注意饮水管理

被水淹没、污染的饮水器、水槽、食槽等须清洗、消毒后方可使用。饮水最好采用自来水。被洪水污染过的井水、江河等天然水体不可直接饮用；确需使用的，要先做沉淀处理，再用漂白粉等消毒，或通过煮沸等方式直接杀菌消毒。牛羊等放牧养殖的畜禽，放牧前要充分饮水，以防止放牧过程中因口渴而饮用污水导致疾病。洪水淹没过的草地，短期内或下雨前禁止放牧。

（五）重点保护种畜禽生产，及时恢复产能

种畜禽是灾后生产自救的基础，要及时观察、保护母畜，必要时注射安定保胎药物。增加流产牲畜营养，促进肌体恢复，争取尽早配种。加强仔畜、幼禽保育工作。灾后不宜立即补栏，观察了解本场及周围养殖场情况正常后，方可考虑引种补栏。应从证照齐全、生产管理水平较高和售后服务较好的种畜禽场引种，并取得检验检疫合格证明等相关文件。

（六）加强巡查监测，做好疫病防控

及时掌握灾后疫情动态，充分发挥各级动物疫病监测机构和实验室作用，重点对口蹄疫、猪瘟、蓝耳病、链球菌病和鸡新城疫、禽流感等重大动物疫病的检测、监测，确保大灾之后无大疫。

（七）做好无害化处理

因灾死亡畜禽要按规定交由具备处理能力的无害化处理场（厂），及时、规范进行无害化处理。采用就地深埋等方式处理的，须按相关技术规范、规定操作，有关部门要做好技术指导和现场监督，防止次生灾害发生。

（八）切实加强自我防护

养殖场（户）饲养管理及工作人员在灾后恢复生产的同时，要严格遵守防疫规定，注意自身保护。饲养管理人员要穿戴防护服（鞋、帽），勤洗手、勤消毒，及时处治伤口，尽量避免直接接触病死畜禽；身体感觉不适时，要及时就医，防止感染、传播疫病。

第三节　畜牧业干旱灾害的应对

一、旱灾防灾减灾技术措施

（一）关注气候变化

密切关注气象部门发布的气象信息和气候变化，如出现异常高温天气，要注意加强畜禽防暑降温，防止极端天气对畜禽产生不利影响。

（二）保障畜禽饮水

规模养殖场要充分利用现有水源，同时做好蓄水及设施建设工作，有条件的地方应做好打机井的准备。在水源短缺时，畜禽饮用的自然水源易受污染，要做好水体净化消毒和水质定期监测，确保畜禽饮用水质量安全。

(三) 做好隔热降温

搭建遮阳篷或盖上遮阳物，窗口防止阳光直射。经常打开通风孔、门窗，或利用排风设备促进空气流通，增加舍内换气量和提高气流速度。采用舍顶喷水、活体喷雾和安装通风湿帘、冷风机等方法做好降温工作。

(四) 加强饲养管理

合理安排饲喂次数与饲喂时间，喂食最好安排在早晨及傍晚。适当提高饲料中蛋白质的比例，适当降低能量，增加维生素、矿物质含量。可在饲料中适量添加小苏打、氯化钾和维生素C等，增强畜禽耐热能力，减缓热应激。酌情添加健胃消食的药物，促进畜禽进食和消化。

(五) 加强卫生免疫

及时清除圈舍污物，保持畜禽舍清洁，定期消毒，做好药物保健和疫苗接种。对免疫抗体监测不达标、补栏、新生和超过免疫抗体保护期的畜禽，要及时进行补免，切实做到应免尽免，不留空当和死角，维持畜禽较高的免疫密度和抗体水平。

(六) 储备应急物资

制订与完善应急预案，若长期持续高温，应适当储备畜禽防暑解暑药物。针对可能出现的限电停电情况，畜禽养殖场应及早备好发电机，并主动与当地供电部门联系，掌握停电时间，防止突然停电造成损失。同时，防止电线老化等造成火灾，做好安全生产。

二、旱灾后的生产自救技术措施

(一) 保障畜禽饮水，强化节水意识

寻找可靠水源，强化用水自给，保证充足的清凉饮水和清洁

卫生的水质。在因干旱没有选择余地的情况下，使用死水、混浊水等地面水前应先净化消毒。强化节水措施，改造维修饮水设备，安装节水型自动饮水器，减少饮水过程的跑、冒、滴、漏。同时，将养殖场清粪方式由水冲粪改为干清粪，适当减少圈舍的冲洗次数和用水量。

（二）强化消毒灭源，有效净化养殖环境

按照消毒规程，根据消毒对象，科学选择消毒药品，加强对畜禽饲养、屠宰、经营和运输等场所的消毒，及时消除疫情隐患。

（三）调整经营策略，降低养殖风险

针对久旱无雨、饮水难以保障的养殖场（户），要引导其及时将符合出栏标准或老弱病残的畜禽出栏或淘汰，减少养殖数量与用水量，降低因缺水导致的畜禽死亡损失。

（四）密切监测畜禽健康状况，加强灾后防疫

针对极端干旱条件下畜禽疾病发生风险增加的问题，在日常饲养管理过程中，要切实做好畜禽疫病免疫，及时掌握畜禽抗体水平，对免疫抗体水平较低的及时开展补免，构筑有效免疫屏障。对因干旱缺水不能及时清洗的畜禽生产场所及周边环境、生产工具，选择合适的消毒药物进行彻底喷洒消毒，不留死角。病死畜禽严禁上市销售或随意丢弃，按照农业农村部《病死及病害动物无害化处理技术规范》要求规范处理病死畜禽尸体和污染物。

第四节 畜牧业风灾（台风等）的应对

一、风灾防灾减灾技术措施

（一）做好安全检查

收到气象部门大风（台风）预警后，及时做好畜禽圈舍等

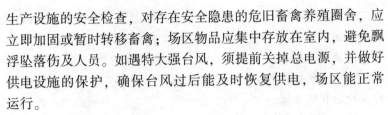

生产设施的安全检查，对存在安全隐患的危旧畜禽养殖圈舍，应立即加固或暂时转移畜禽；场区物品应集中存放在室内，避免飘浮坠落伤及人员。如遇特大强台风，须提前关掉总电源，并做好供电设施的保护，确保台风过后能及时恢复供电，场区能正常运行。

（二）储备应急物资

备足饲料和一定量的农用柴油等生产应急物资，准备好抽水机、应急照明设施、动物防疫消毒液和消毒器械等，储备好应急疫苗等其他物资，保证应急需要，保障灾后恢复生产。

（三）加强自我防护

养殖区域管理流程上墙，严格落实个人安全防护管理，台风来临少出屋，远离居高建筑物。工作人员要穿好防护服，养成勤洗手、勤消毒习惯。

二、风灾后的生产自救技术措施

（一）做好受灾畜禽转移

灾后要先把畜禽转移至安全地带，避免畜禽遭受风吹雨打，导致其能量损失和免疫力下降。

（二）清理杂物

及时清理被台风损坏的栏舍、树枝、淤泥等杂物，保持环境整洁与排水畅通。

（三）检修生产设施

灾后要对养殖区域所有房屋、棚、栏、舍等建筑进行全面评估，根据受灾实际情况及时补救、修缮、加固，及时恢复水、电、路等基础设施，及时检查粪污处理设施运行情况，如有漏排等情况出现应及时修复。

（四）全面消毒灭源

对大风大雨过后受损和非受损设施进行全面消毒，对畜禽圈

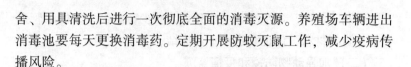

舍、用具清洗后进行一次彻底全面的消毒灭源。养殖场车辆进出消毒池要每天更换消毒药。定期开展防蚊灭鼠工作，减少疫病传播风险。

（五）加强饲养管理

注意饮水卫生，提供清洁水源。在保障饲料营养全面的前提下，适当添加一些维生素、电解质等抗应激剂及免疫增强剂，促进畜禽机体的恢复，减少应激反应。

（六）加强疫情监测与检疫工作

切实做好灾后畜禽免疫工作，密切关注重大动物疫病和灾后易发病，加强疫情巡查，密切关注疫情动态。一般情况下，风灾造成畜禽死亡的概率较低，但如出现死亡病畜要及时上报属地畜牧兽医主管部门，并按照农业农村部《病死及病害动物无害化处理技术规范》要求严格落实扑杀、无害化处理等措施，严防疫病扩散蔓延。不得买卖、加工、随意弃置因灾死亡的畜禽。

第五节　畜牧业寒潮暴雪冻害天气的应对

一、寒潮前防范措施

（一）做好防雪灾冻害安全检查

寒潮、暴雪对畜禽生产危害很大，但畜牧业以舍饲为主，具备抵抗低温的条件，只要做好工作，可以减轻自然灾害的危害。首先要坚持以人为本原则，及时关注天气预警，暴雪来临前，先撤离危棚栏舍内的相关人员。同时，对圈舍进行全面安全检查，对存在安全隐患的规模养殖场或临时简易畜禽养殖棚舍，立即加固畜禽栏舍，防止畜禽舍倒塌。在暴雪来临时，组织人员不断扒除屋顶的积雪；暴雪、寒潮来临前，舍外放养畜禽如牛、羊、土鸡等要及时赶回，避免在外受冻死亡，减少畜禽损失。供水管道要包扎防冻材料，保证管道水不会冻结。

（二）加强动物防疫和疫情监测

严寒冬季，畜禽抵抗力有所下降，疾病发生的可能性加大。规模养殖场户应坚持定期消毒，进行预防接种，提高抵抗力，防止人畜感染发病。同时，进一步加强动物及其产品流通监管，防止重大动物疫病的发生、传播和扩散。

（三）加强饲料及相关物资储备

雪冻灾害发生前，各养殖场户须密切关注气象预报，按照雪冻灾害发生的时间，切实做好发电设施和一定量的饲料、兽药及燃料等相关物资储备，避免因停电、道路封闭和饲料、兽药短缺带来的畜禽冻死、饿死及病死。及时准备相应的除雪、除冻设备或工具，切实做好养殖场户应对雪冻灾害的防控预案及应急措施，确保畜禽安全越冬。

（四）防止饲料不够或畜产品外运困难

山区等交通不便地区的养殖场出现饲料紧缺或畜产品不能外运的情况时，及时上报有关部门，请求支援。

（五）随时关注应急抗灾信息

关注天气变化，根据气象局的天气预报情况，及时做好抗灾的应急措施。

（六）采取防冻抗寒技术措施

1. 生猪

一是加强防寒保暖。重点是母猪的产房和仔猪保育舍。要加厚垫草，并及时更换和添加干燥新鲜的垫草，保持栏内干燥。猪舍四周进行封窗堵洞，特别是门窗透风的地方要用塑料布、彩条布或旧包装纸加木条钉上，防止寒（贼）风进入，但应注意通风。适当增加猪只饲养密度，冬季在同一圈舍内的饲养密度一般应比平常增加 1/3。

二是为仔猪提供热源。采用火源、供暖设施设备等方式保温，增加舍内温度，并加热饮水供仔猪饮用。

三是适当增加饲料能量。受孕母猪每头每天增加饲喂 1 千克饲料，其他生猪（仔猪、小猪、肥猪、泌乳母猪）应充分供料，让其自由采食。也可在原饲料基础上增加 10%～15% 玉米、小麦、糙米等能量饲料或添加适量油脂，提高饲料能量浓度。

四是加强饲养管理。重点是加强仔猪的管理，防止其冻伤、冻僵、冻死，让初生仔猪尽早吃好初乳，并加强仔猪的补料；勤清猪舍粪尿，尽量少用冷水冲洗，保持舍内干燥。

2. 家禽

一是做好禽舍保暖。低温条件下，适当增加饲养密度，关闭门窗，加挂塑料布或彩条布、饮用温水和火炉取暖等方式进行防寒保温，使禽舍温度不低于 3℃。

二是适当增加饲料能量。可在原饲料基础上增加 10%～20% 玉米，并根据体重适当增加喂料量，气温每下降 3℃，每只鸡日喂料量可增加 5 克左右，气温回升后再逐渐恢复到原来的喂料水平。

三是保持环境干燥。要强化管理，保持禽舍内清洁和干燥，及时维修损坏的水槽，加水时切忌过多过满，严禁向舍内地面泼水等。

四是处理好保温与通风的关系。中午天气较好时，应开窗通风，既要保温，又要适当通风；及时清除禽舍内的粪便和杂物，尽量少用冷水清洗，保持适中的饲养密度，保证舍内氧气充足。

五是备足饲料。要求经常备足 15 天以上饲料，以及 1 个月以上的主要饲料原料。

3. 牛羊

一是调整饲养方式。将原放牧饲养改为舍饲圈养，确需舍外放养的应选择在上午 11 时至下午 3 时之间，并尽量减少野外放牧时间。

二是做好栏舍防寒保暖。圈舍应用塑料布或彩条布等封闭，关闭门窗，防止寒（贼）风侵袭；窗户的玻璃应保持干净，以利于采光。犊牛、羊羔及分娩牛、羊可在圈舍内生火取暖，有条件的农户可以安装红外灯取暖。

三是适当增加饲料能量。母牛每日补喂 1～2 千克精料，羊的精料供给量应比平时提高 20%，同时可增喂青贮料、胡萝卜等多汁饲料，有条件的农户可喂给混合精料，适当添加一些骨粉和食盐。

四是加强饲养管理。在圈舍内辅上垫草，并做到勤换草、勤打扫、勤除粪，尽量少用冷水清洗，防止将冷水冲洗到畜体上，保持适中的饲养密度，保持舍内空气流畅。天气晴朗时，将牛放出舍外，并刷拭牛体，既可预防皮肤病和体外寄生虫病的发生，又能促进血液循环，提高抗寒能力。

4. 蜂

一是做好保温工作。为防止箱内温度骤然降低，尽量减少开箱次数；及时做好箱内外的保温，箱内用稻草填充剩余空间，箱外用塑料薄膜披盖。

二是要严把饲料关。选用未经发酵、变质的，且不含甘露的优质蜂蜜作饲料；饲料糖尽量多用蜂蜜，少用或不用白糖，同时要提高饲料糖浓度，减少饲喂次数，以降低刺激蜂王产卵的积极性；减少花粉饲喂量，同时要少用或不用豆粉等花粉代用品；饲用清洁卫生的水。

三是要做好疾病防治工作。注意做好疫病的发生及防治工作，在注重保温的同时，还要让蜂群置于相对干燥处，以降低箱内湿度。

二、灾后恢复生产的综合措施

（1）加强领导和灾后监督管理。及时制订灾后重建恢复方案，迅速组织技术指导组奔赴灾情第一线，帮助指导灾后恢复重建工作。

（2）搞好损毁设施修复。及时加固棚舍，修补漏洞、缝隙，及时消除隐患；对倒塌的畜禽栏舍要尽快恢复建设，并完善配套设施，为灾后恢复生产提供保障。

（3）加快畜禽养殖生产恢复。加强畜禽饲养管理，确保种畜禽体质恢复，提高生产能力；抓住春季气温回暖时机切实抓好畜禽的配种、选育和扩繁工作，力争多配多生多产。

（4）严把防疫关。要强化病死畜禽的无害化处理，通过严把免疫关、消毒关、引入关、监控关、监督关和病死畜禽无害化处理关，全面做好大灾防大疫的准备；要强化疫情监测，严格流通监管、严防疫病流入。

（5）切实做好种畜禽、饲料、兽药和疫苗等的协调供应。准确把握灾后恢复重建对种畜禽和饲料、兽药、疫苗的供求信息，优先保证灾区所需种畜禽、疫苗和饲料等物资供应，确保灾后恢复生产需要。

（6）确保信息畅通。及时做好灾后统计监测工作，准确上报相关灾情数据及灾后重建工作进展情况。

参考文献

湖北省农业农村厅，2022. 湖北省农业自然灾害防灾减灾技术手册 [M]. 武汉：湖北科学技术出版社.

刘霞，李勇，穆春华，2020. 粮食作物防灾减灾知识有问必答 [M]. 北京：中国农业出版社.

陶红亮，郝言言，2015. 自然灾害防范救助手册 [M]. 北京：化学工业出版社.

王向辉，韩灵梅，2015. 西北地区环境变迁与农业可持续发展研究 [M]. 北京：中国社会科学出版社.

曾越，2017. 防汛抗旱与应急管理实务 [M]. 北京：中国水利水电出版社.

周广胜，周莉，2021. 现代农业防灾减灾技术 [M]. 北京：中国农业出版社.